ALMANACH

DU

COMMERCE DE VINS,

JANVIER 1806.

TABLEAU

DE MM. les Marchands de Vins en gros, en détail, Forains, Commissionnaires, Marchands de Vin-Traiteurs, Cabaretiers, et de MM. les Maîtres Tonneliers;

Des Entrepôts des Vins, Vins de Liqueurs et autres boissons;

De MM. les Dégustateurs des boissons, Gourmets sur les ports, et généralement tout ce qui a rapport audit commerce;

Ce Tableau est précédé des Ordonnances de police concernant le placement et la police des Garçons Marchands de Vins et Marchands de Vin-Traiteurs.

A PARIS,

AU BUREAU DE PLACEMENT des Garçons Marchands de Vins, Garçons Marchands de Vin-Traiteurs, Tonneliers et Brasseurs, quai du Nord, n°. 45 (ci-devant quai de la République) près le pont de la Cité, île St.-Louis.

DE L'IMPRIMERIE DE BERTRAND-POTTIER, RUE GALANDE, N°. 51, A L'ABEILLE.

1er. JANVIER 1806.

AVIS
DU RÉDACTEUR.

LA formation de cet almanach a pour objet principal d'indiquer les noms, prénoms, domiciles, numéros, divisions de MM. les marchands de vins en gros, en détail, commissionnaires, forains, marchands de vin-traiteurs, cabaretiers, tonneliers, entrepôts des vins, entrepôts des vins de liqueurs, gourmets sur les ports, et généralement de tout ce qui tient audit commerce et auxquels on peut journellement avoir à faire.

Il est possible, malgré les précautions qui ont été prises, qu'il y en ait eu quelques-uns d'omis ou que les noms soient tronqués.

Vous êtes invités à vouloir bien m'en donner avis, pour rectifier sur le champ les erreurs et faire disparaître à l'avenir les fautes qui pourraient s'y glisser.

Ainsi que vos changemens de domiciles pour éviter de rendre cet ouvrage imparfait.

GUYDAMOUR.

Nota. N'ayant pu remplir en entier différens mots, ils ont été remplacés par les abréviations suivantes ;

S A V O I R :

R. Pour le mot rue.
D. Pour celui de division.
N. Pour celui de numéros.
T. Traiteur.
F. Faubourg.

Paris, le 1er. janvier 1806.

Le Préposé au placement des Garçons marchands de vins, Garçons marchands de vin-traiteurs, Tonneliers, Brasseurs, etc.

A MESSIEURS LES MARCHANDS DE VINS, TONNELLIERS, BRASSEURS, etc.

MM.

J'ai eu l'honneur de vous informer que monsieur le Conseiller-d'Etat Préfet de police, l'un des Commandans de la Légion d'honneur, m'avait nommé préposé au placement des garçons ci-dessus désignés; jaloux de justifier son choix et mériter votre confiance, je n'ai rien négligé pour remplir le but de cet établissement.

Trop heureux, MM., si mon zèle a pu vous être agréable; l'intérêt que vous me portez m'est un sûr garant que vous ne l'affaiblirez point et que vous continuerez comme par le passé à m'en honorer et à vous adresser directement à moi pour les demandes.

L'ordre établi dans mon bureau, la sévérité que j'apporte dans le choix des garçons, et secondé par vous, Messieurs, me mettra à même de donner à mon établissement toute la perfection qu'il doit atteindre.

Tout autre Bureau s'immisant dans lesdits placemens, non avoués de Monsieur le Conseiller-d'État, Préfet, est clandestin et suspect envers le commerce des vins.

Agréez l'assurance de ma parfaite considération.

GUYDAMOUR.

Nota. J'ai l'honneur de vous prévenir, en outre, que j'ai réunis à mon Bureau une administration particulière pour la vente des fonds de commerce ; la délicatesse de cette opération exigeant des soins particuliers tant pour la sureté du vendeur que pour celle de l'acheteur, je me suis adjoint un homme de loi instruit qui rédigera les accords, marchés définitifs, transports de baux, et donnera tous les renseignemens que l'on desirera prendre de manière à justifier le choix des personnes qui m'accorderont leur confiance.

Et un entrepôt de comptoirs de marchand de vin couverts en étain, des bois de comptoirs de toutes grandeurs tant neufs que de hasards, et tous les ustensiles qui ont rapport audit commerce, tels que tables, bancs, tabourets, brocs; que je vend et achète au plus juste prix.

PREFECTURE DE POLICE.

M. CHICOU,

Chef de la 3e. Division, pour tout ce qui a rapport au commerce des vins et autres boissons.

M. DUMAS,

Chef du 2e. Bureau de la 3e. Division, pour le commerce et la navigation.

M. DORENLOT,
Sous-Chef de M. Chicou.

M. MAGIN,
Inspecteur-général de la Navigation et des Ports, pour la surveillance du làchage et l'arrivage des bateaux à destination, quai de la Liberté, île St.-Louis, n°. 16.

M. MONTHULE,
Inspecteur - général - adjoint, rue de la Mortellerie, n°. 150, Fidélité.

M. CHAMPEAU,
Inspecteur du port St.-Paul, de service tous les jours.

M. LOEUILLARD,
Inspecteur du port St.-Bernard, de service tous les jours.

M. MERLET,
Inspecteur du port St.-Nicolas et du port St.-Germain, de service tous les jours.

DÉGUSTATEURS.

M. CAYLUS,
Inspecteur-général des boissons, rue de
Verneuil, n°. 26.

M. BELAND,
M. GROSJEAN,
M. MARÉCHAL,
M. HABERT,
Dégustateurs, deux de service tous les
jours au port au Vin.

M. VILETTE,
Préposé en chef au remplissage et garage
des bateaux de vins, port de la Rapée.

M. BÉLLÉ MAURICE,
Syndic des tonneliers des rouleurs sur les
ports.

M. GRÉGOIRE, DIT LAJEUNESSE,
Chef des déchargeurs sur les ports.

PRÉFECTURE
DU DÉPARTEMENT.

OCTROI MUNICIPAL.

Bureau principal, hôtel de Clermont, port aux Tuiles.

M. CROZAT,
Inspecteur-général de la division des ports.

PORT S.-BERNARD.

M. GAVINET,
Inspecteur particulier, de service tous les jours.

M. HERBINOT, Receveur.

M. LE POITEVIN,
Contrôleur à la Recette.

PORT S.-PAUL.

M. LA POURIELLE,
Inspecteur particulier, de service tous les jours.

M.

M. LEGENDRE, Receveur.

M. DAUPHIN,
Contrôleur des Recettes.

PORT S.-NICOLAS.

M. JANMMARD,
Inspecteur particulier, de service tous les jours.

M. RIGOLLOS, Receveur.

M. DELPLANQUE,
Contrôleur des Recettes.

PORT S.-GERMAIN.

M. GROSLUZERNE,
Inspecteur particulier, de service tous les jours.

M. BOUGLEZ, Receveur.

M. GILET,
Contrôleur des Recettes.

JAUGEURS.

M. BROÉ,

M. CHARLES,

M. DUQUESNOY,

M. LECLERC,

M. LOUIS,

M. LOUIS,

M. PELLEVILAIN,

M. SALLES,

Jaugeurs pour les ports de l'intérieur.

ORDONNANCE

Concernant le placement des Garçons Marchands de Vins, et Marchands de Vin-Traiteurs.

Paris, le 6 floréal an 12.

LE CONSEILLER-D'ÉTAT, PRÉFET DE POLICE,

Vu les articles II et X de l'arrêté des Consuls, du 12 messidor an 8, et l'article XIII de l'ordonnance du 20 pluviôse dernier ;

ORDONNE ce qui suit :

ART. Ier. Il sera établi à Paris, un bureau de placement pour les garçons marchands de vins et garçons marchands de vin-traiteurs.

II. Le sieur *Guydamour* (Jean-Nicolas) demeurant quai de la République, n°. 45, île et division de la Fraternité, est nommé préposé au placement desdits garçons.

III. A compter de la publication de la présente ordonnance, il est défendu à toutes autres personnes de s'immiscer dans le placement des garçons marchands de vins, à peine de cent francs d'amende.

(Arrêt du 18 janvier 1752, art 2.)

IV. Il ne sera délivré de bulletin de placement à un garçon, s'il n'est pourvu d'un livret.

V. La rétribution pour le placement de chaque garçon marchand de vins, est fixée à deux francs.

VI. Il sera pris envers les contrevenans aux dispositions ci-dessus telles mesures de police administrative qu'il appartiendra, sans préjudice des poursuites à exercer contr'eux par-devant les tribunaux, conformément aux lois et aux réglemens qui leur sont applicables.

VII· La présente ordonnance sera imprimée, publiée et affichée.

Les commissaires de police, les officiers

de paix, l'inspecteur-général des boissons et les autres préposés de la préfecture sont chargés, chacun en ce qui le concerne, de tenir la main à son exécution.

Le Conseiller-d'Etat, Préfet,

Signé DUBOIS.

Par le Conseiller-d'Etat, Préfet,

Le Secrétaire-général, signé PUS.

ORDONNANCE

Concernant la police des Garçons Marchands de Vins et Garçons Marchands de Vin-Traiteurs.

Paris, le 7 floréal an 12.

LE CONSEILLER D'ÉTAT, PRÉFET DE POLICE,

Vu les articles II et X de l'arrêté des Consuls, du 12 messidor an 8, et l'art. 1er. de celui du 3 brumaire an 9;

ORDONNE ce qui suit :

xviij

Art. Ier. Aucun garçon marchand de vins ou garçon marchand de vin — traiteur, ne peut quitter le marchand chez lequel il est placé, sans l'avoir averti au moins huit jours d'avance, si ce n'est du consentement du marchand. Dans tous les cas ce dernier devra lui en délivrer un certificat.

(Ordonnance du 15 mars 1779, art. V.)

II. Il ne peut sortir de chaque boutique, plus d'un garçon par semaine, si ce n'est du consentement du marchand.

(Ordonnance précitée, art. XV.)

III. Tout garçon marchand de vins qui sortira de chez un marchand, ne pourra, pendant l'espace d'une année, entrer chez un autre marchand, s'il n'existe un intervale de quinze boutiques du même commerce entre le marchand qu'il aura quitté et celui chez lequel il entrera.

(Même ordonnance, art. VI.)

IV. Tout garçon marchand de vins, ou

fils de marchand de vins qui desirera acquérir ou former un établissement, sera tenu de laisser entre sa boutique et celle du marchand qu'il aura quitté, un intervale de trois cent quatre-vingt-dix mètres (200 toises environ, en tous sens.

V. Il sera pris envers les contrevenans aux dispositions ci-dessus, telles mesures de police administrative qu'il appartiendra, sans préjudice des poursuites à exercer contr'eux par-devant les tribunaux, conformément aux lois et aux réglemens qui leur sont applicables, et notamment à l'ordonnance du 15 mars 1779.

VI. La présente ordonnance sera imprimée, publiée et affichée.

Les sous-préfets des arrondissemens de St.-Denis et de Sceaux, les maires et adjoints des communes rurales du ressort de la préfecture de police, les commissaires de police, à Paris, les officiers de paix, l'inspecteur-général des boissons, et les

autres préposés de la préfecture sont chargés, chacun en ce qui le concerne, de tenir la main à son exécution.

Le Conseiller-d'Etat, Préfet,

Signé DUBOIS.

Par le Conseiller-d'Etat, Préfet,

Le Secrétaire-général, signé PIIS.

COMMISSION
DU COMMERCE DES VINS.

M. LAFOND,

Membre de la Chambre du Commerce du Département.

M. RENET,

M. SAUVAGE,

M. PSALMON,

M. POLISSARD,

M. LANGIN,

M. HENNEBERT,

M. LEFEVRE,

Pour toutes les réclamations qui ont rapport au commerce des vins et qui peuvent être présentées dans toutes les administrations.

TABLEAU

DE MM. LES MARCHANDS DE VINS ET MARCHANDS DE VIN-TRAITEURS.

A

Achot (Zacharie) r. d'Arcole, B.-des-Moulins.

Ador (Victor) r. d'Angevilliers, n. 2, div. des Gardes-Françaises.

Agnon (Pre. David) r. de la Poterie, n. 23, d. des Marchés.

Albert (Réné-J.-P.) r. des Nonandières, Fidélité.

Albouy (Fs.-C.) r. de la Madelaine, p. Vendôme.

Alexandre (Louis) r. des Boucheries, d. de la Butte-des-Moulins.

Almain (Ls.) r. des Ps.-Augustins, n. 11, d. Unité.

Amaury (Pierre-Sébastien) T. allées des Veuves, d. Champs-Elysées.

Amelin (Martin, r. Guérin-Boisseau, n. 6, div. Amis de la Patrie.

Amonet (Prs.-Guil.) T. al. d. Veuves, Ch.-Ely.

Ancelin (Fs.) boulv. du Temple, div. Temple.

André (J.-Bs) r. de la Fidélité, n 16, d. Nord.

André (Jacq.-Et.) r. de l'Université, n. 71, Gren.

André (J.-Ns.) r. du Cherche-Midi, n. 7, Luxemb.

Angard (Et.) r. G.-Truanderie, n. 59, d. B.-Cons.

Angard (Tous.) r. du M.-Blanc, n. 400, p. Vend.

Anguille (N.-Réné) r. de la Vieille-Monnaie, n. 19, d. Lombards.

Anicot (J.Ch.) T. r. S.-Dominiq. n. 81, d. Gren.

Arbouy (J.) r. du M.-S.-Hilaire, n. 6, Panthéon.
Armangis (Ch.) r. Aubry-Boucher, n. 16, Lomb.
Arnould (J.-B°.) r. S.-Paul, n. 51, d. Arsenal.
Arthure (Th.-M.) f.-b. du Temple, n. 85, Bondi.
Asselin (Julien) r. S.-Florentin, n. 8, d. Tuil.
Astier (C.-M.) r. des D.-Ponts, n. 2, d. Frater.
Aubert (Jean) r. du Figuier, n. 28, d. Arsenal.
Aubert (Ant.-Jacq.) r. de Bretagne, n. 13, H.-A.
Aubert (Mich.) r. de Beaune, n. 29, d. Grenelle.
Aubonnet (Claude) r. des Fossés-S.-Jacques,
    n. 13 d. Observatoire.
Aubry (N°.) f. du Temple, n. 3, d. Bondi.
Auger (Veuve) r. S.-Martin, n. 191, A. de la P.
Auger (Ant.) place de Grenelle d. des Invalides.
Auguste, cloître S.-Benoît, n. 3 d. Thermes.
Ausoub (Ch.-D°.) contour de la Bastille, n. 22.
Auvray (J.) r. des Deux-Hermites, d. de la Cité.
Auxaigneaux (Jacq.) r. du Bacq, n. 21, d. Gren.

MARCHANDS DE VINS EN GROS.

Aguette (Hubert) r. de la Fraternité, n. 28, Frat.
Artaud (F°.) quai de l'Egalité, n. 49, d. Frater.
Aubry et C°. r. Neuve-S.-Eustache, d. Brutus.

MARCHANDS DE VINS FORAINS.

Arvers, r. Guillaume, n. 1, div. Fraternité.

B

Bacot (P¹⁰.) r. Mouffetard, n. 66, d. Observat.
Badouville (A.-Sulp.) r. Mироménil, d. Roule.
Bachellier (P.-N.) r. de l'Egoût, n. 16, d. Indiv.
Baquet (Mademois.) r. S.-Victor, n. 122, Plantes.
Bailleul (Marie) r. de Glatigny, d. de la Cité.
Baillif (André) r. S.-Jacques, n. 138, d. Therm.
Balleux (Jér.) r. Traversine, n. 15, d. Plantes.
                                    Balleux,

Balin (Léonard) r. de la Lanterne, n. 17, d. Cité.
Balin (Th.-A.) r. de Ménilmontant, n. 34, Pop.
Balthazard, f. S.-Martin, n. 208, div. Bondi.
Bancelin (Jacq. Julien) T. b. du Temple, d. Tem.
Barbary (Mathieu) r. S.-Nicolas, n. 22, p. Vend.
Barbe (A.-G.) place du Tribunat, n. 335, Tuil.
Barbedienne (L.s-Fs.) r. S.-Jacques-la-Bouche-
    ries, n. 22, div. des Lombards.
Barbier (Prª.) r. Taitbout, n. 2, d. Mont-Blanc.
Barbier (J.-Phil) T. r. Helvétius, n. 16. B.-d-M.
Barbier (Claude) r. N.-Egalité, n. 56, B.-Nouv.
Barbier (Ns.) f. S.-Martin, n. 187, d. du Nord.
Barbier (Sébast.) r. S.-Nicaise, n. 33, d. Tuil.
Barbier (Prª.) r. S.-Denis, n. 360, d. A.-de-P.
Barbier (vᵉ.) r. de la Mortellerie, div. Fidélité.
Barbier (P.-Fs.) r. des Bernardins, n. 40, d. Pl.
Bardin (J.-Jos.) r. de la Tixeranderie, d. Fidélité.
Bardin (Réª.) vieille r. du Temple, n. 2, H.-A.
Bardoux (Ls.-Ant) pl. aux Veaux, n. 1, d. Pl.
Bardoux (vᵉ.) r. S.-J.-de Latran, n. 51, Panthéon.
Bardoux (Grég.) pl. des Trois-Maries, n. 7 Mus.
Bardoux (Jean) r. de Malte, n. 12, d. Tuileries.
Barghon (Fs.-Marie) r. de la Cossonnerie,
    n. 24, div. des Marchés.
Bariole (Jean) T. r. Mazarine, n. 76, d. Unité.
Barcer (vᵉ.) avenue de Neuilly, d. Champs-Ely.
Barré (Séb.) r. Rochechouart, n. 5, f. Montmart.
Barré (Ls.-G.) r. G.-Tuanderie, n. 52, B.-Cons.
Barré (Jean) r. f. S.-Antoine, n. 158, Quinze-V.
Barroyer (Claude) f. du Temple, n. 35, Bondi.
Barse (Guillaume) r. S.-Denis, n. 135, Marchés.
Barthelemy (Remy) r. S.-Merry, n. 53. Réunion.
Baruquaut (Jos) r. de la Roquette, n. 62, d. Pop.
Bastard (Edouard) r. du P.-Pont, n. 14. d. Ther.
Baudot (Ant.) r. de l'Epée de Bois n. 9, Finist.
Baudouin (And.) r. des Fs-S.-Marcel, n. 4. Fin.

Baudoin (Jacq.) r. de la Calandre, n. 57, d. Cité.
Baudry (J.-F⁵.) r. du Four, n. 20, Contrat-Soc.
Baudry (Sim.-P.) r. S.-Denis, n. 93, d. Marchés.
Baudry (J.-Ant.-Denis) r. des Blancs-Manteaux,
    n. 17, div. Homme-Armée.
Baudry (Ch.) r. de la Tixanderie, d. Dr.-de-l'H.
Baudry (P.-Math.) r. S.-Gervais, n. 11, Indiv.
Baugillot, (F⁵.) f. S.-Antoine, n. 208, d. Q.-V.
Bazanne (Edme-J.) f. Poissonnière, n. 64, d. Poi.
Bazin (N.) r. de la Monnaie, n. 20, d. Muséum:
Beau (vᵉ.) r. Montmartre, n. 169, d. Pelletier.
Beau (Claude) r. des P.-Champs, n. 45, B.-d.-M.
Beaucheron (Mart.-Chrisostôme) f. du Roule,
    n. 133, div. Roule.
Beaudeloque (J.-Ch.) r. de la Cossonnerie,
    n. 5, d. Marchés.
Beaufils (Parfait-D⁵.) r. de Charonne, n. 92.
Beauvoir (Jacq.) r. P.-Tuanderie. n. 1, B.-Cons.
Begue (Hub) r. du Sépulcre, n. 38, d. Unité:
Belaire (Henry) r. de Turenne, n. 38, d. Indiv.
Bellanger, r. Philippeaux, n. 22, d. Gravilliers.
Beldame (Denis) allée d'Antin, d Champs-Ely.
Belhomme (veuve) T. r. de la Cossonnerie,
    n. 29, div. Marchés.
Belin (Jos.) r. de la Convention, n. 5, d. Tuil.
Belin (Et.) r. Charlot, n. 4, div. Temple.
Belton (Ch.-Gab.) r. des Fos.-S.-Germ.-l'Auxer.
    n. 22, div. Gardes-Françaises.
Benard (J.-F) r. Tiquetonne, n. 4, d. Cont.-Soc.
Benoist (Jean-Jos.) T. boulv. Mont-Parnasse,
    n. 46, div. Observatoire.
Benoît (J.) r. de l'Oursine, n. 59, d. Finistère.
Benoît (Pre.) r. de la Mortellerie, d. Fidélité.
Beranger (F.-Cris.) r. Mouffetard, n. 64, d. Obs.
Berceau (J.Bᵉ.) r. Guénégaud, n. 4, d. Unité.
Bercher (Phi.) r. Neuve-S.-Charles, d. Roule.

Berga (N.-Mich.) r. des Fos-S.-Bernard , n. 10.
Berger (Jacq) r. de Lille , n. 67 , d. Grenelle.
Berger (Ch.-Fél.) f. du Temple , n. 59 , d. Bondi.
Berger , pas. S.-Pierre , r. S.-Antoine , d. Ars.
Bergerot (Sim.) r. de Long-Champs, d. Ch.-Ely.
Bernard (Pre.-Jos.) r. de la Justice, n. 3 , Luxem.
Bernard (ve.) r. des Blancs-Manteaux , n. 1.
Bernard (Paul-Nicolas) r. de la Savonnerie,
    n. 15 , div. Lombards.
Berquier (Hil.-Alex.) r. de Bussy, n. 35, Unité.
Berquier (F.-Tous.) r. des Fos.-S.-Germ. , Mus.
Berry (J.-Be.) r. Poissonnière , n. 46 , B.-Nouv.
Berthellemont (Louis Laur.) porte S.-Antoine ,
    n. 1 , d. Montreuil.
Berthellemy (Remy) r. S.-Martin , n. 247 ,
Berthier (N.-S.) r. des Moineaux, n. 11. B. d. M.
Berthier (Edme) r. Amelot , n. 58 , d. Popinc.
Bertholin (ve.) r. de la Tannerie , div. Arcis.
Berthon (L.-F.) f. S.-Antoine, n. 116 , d. Q.-V.
Berthon (N.) r. S.-Honoré, n. 377, d. Tuilleries.
Berthot (J.-Me.) r. Pagevin , n. 6 , div. Mail.
Bertrand (J. halle à la Viande, n. 54 , Marchés.
Bertrand (F.) r. G.-Truanderie , n. 44, d. Bon-C.
Bertrand (mad.) r. d'Orléans, n. 10, d. Hom.-A.
Bertrand (Jacq) quai S.-Paul, div. Arsenal
Bertrand (Jos.) r. de Lille , n. 31 , d. Grenelle.
Besson (L.-Valerie) r. Mouffard, n. 118, d. Obs.
Bettenbaut (Hon. Fel.) f. Poisonnière , n. 25.
Beuchard (J.) r. Charonne , n. 135 , d. Popinc.
Beuvard (P.-Rob.) r. S.-Denis , 84 d. Lombards.
Beuvard (Rob.-Ant.) quai Pelletier , d. Arcis.
Beuze (Th.-Ant.) r. S.-Dominiq. n. 21 , d. Inv.
Biatre , trait. r. Pavée, n. 16, d. Bon-Conseil.
Bichonnier (ve.) r. J.-de-l'Epine, n. 19 , d. Arc.
Bidault (Cl.) T. boulv. l'Hôpital, n. 22, d. Finis.
Bidault (Jos.) r. Maison-Neuve , div. Roule.

c *

Bidot (P.) T. avetue de Neuilly, d. Champs-Ely.
Bigey (P.) r. aux Fers, n. 24, div. Marchés.
Bigot, r. Aubry-Boucher, n. 48, d. Lombards.
Bigot (Ch.) r. des Fos.-S.-Victor, n. 17, Plantes.
Biguet (J.-M°. r. N°.,-S.-Roch, n. 29, B.-d.-M.
Bijotat (P.) r. de la Loi, n. 52, d. Butte-des-M.
Billequart (L.-Aug.) r. de la Huchette, n. 44, Th.
Bimet (C.-Hen.) r. du Plâtre, n. 25, d. Panthéon.
Bionne (J.-Quentin) r. de Vendôme, n 1, Tem.
Biset (N.) r. des Bons-Enfans, d. Butte-des-M.
Bizot (J.-C°.) r. des P°.-Champs, n. 15. B.-d.-M.
Blanchard (Jacq.-Nic.) T. boulvard l'Hôpital,
   n. 8, div. Finistère.
Blancheton (v°.) r. Française, n. 1, d. Bon-C.
Blancmeillant (Jos.) r. Ménilmontant, n. 6, Pop.
Blancvillain (Cl.) r. Montorgueil, n. 88, Bon-C.
Blin (F.) r. d'Arcole, n. 11, d. Butte-des-Moul.
Blin (Henri) r. de la Roquette, n. 75, d. Popinc.
Bloc. (Cl.-Barth.) r. de la Fraternité, n. 82, Frat.
Blondelot (Jos.) r. S -Nicolas, n 19 pl. Vendô.
Bloquelle (N.) r. S.-Honoré, n. 334, Butte-d.-M.
Bochard (Jos.) r. du V.-Colombier, n.25, Lux.
Bocquet (Jos.) T. r. N°.d.-B°.-Enfans, B.-d.-M.
Bocquet (Pr°.) r. de Caumartin, d. pl Vendôme.
Bocquet (Isidore) r. S.-Marc, n. 2, d. le Pelletier.
Boëx (F.-Mich.) r. du Cherche-Midi, n 12, O.
Boisgautier (J.) T. r. Mazarine, n 72, d. Unité.
Boisot (Edme-Marc.) r. Grammont, n. 5, d. Pel.
Boitard (Et.) place du Palais, n. 10, d. Cité.
Boitel (v°.) r. des Fos.-S.-Bernard, n 43, Pl.
Boitusel (J.-V.) r. S.-Honoré, n.380, d pl.Vend.
Bolard (J.-B°.) r. S -Honoré, n. 159, G°.-Franç.
Bolard (Jean-B°.) r. des Arcis, div. Arcis.
Bolet (J.-Pr°.) r. Montorgueil, n. 51, Cont.-S.
Bonaventure (Jos.) r. Mouffetard, n. 76, d. Obs.
Bougraud (L.) r. N°.-S.-Augustin, d. Pelletier.

Bongrand (Edme-Cl.) r. Betizi, n. 11, Muséum.
Bongrand (Guillaume) r. du Petit-Carreau, n. 38, div. Bonne-Nouvelle
Bonnet (Pre.) f. S.-Martin, n. 113, div. Nord.
Bonnet (Ch.) r. Thérèse, n. 17, d. Butte-d.-M.
Bontems (Pre.) r. des Filles-du-Calvaire, d. Tem.
Bonvallot (J.-Be.) pl. de l'Abbaye, n. 4, Unité.
Bonvallot (J.-Ch.) quai de la Mégisserie, n. 46.
Bordes (Severin) r. S.-Germain-l'Auxerrois, n. 51, div. Muséum.
Bordeaux, r. Chabannais, div. Pelletier.
Bordon)Guil.-Jos.) r. des Prêcheurs n. 21, M;
Borne (J.) r. de la Verrerie, n. 6, d. Dr.-d.-l'H.
Bosselet (Pre.) r. de Tournon, n. 31, d. Luxem.
Boucaut (Pre.) f. du Roule, n. 145, d. Roule.
Bouchattier (Lég.) f. S.-Martin, n. 234, Bondi.
Boucher (Germ.) r. du Marché-Neuf, n. 47, Cité.
Boucher (Ch.-Réne) r. de Montreuil, n. 20, Mont.
Boucheron-Pipe, f. Poissonnière, n. 1, f. Mont.
Bouchonnet, (F³.) r. du Caire, n. 22, B.-Nouv.
Boudail (L.-Adam) r. de la Juivrie, n. 14, Cité.
Boudin (Jacq.-F.-B".) r. Pavée, n. 18, Bon-Cons.
Boudon (Pre.) r. S.-Dominique, n. 1, d. Inv.
Bouillot (Ch. Ant.) r. d'Anjou n. 1, Hom.-Ar.
Boulanger (Cl.) r. de l'Arbre-Sec, n. 43, Gs.-Fo.
Boulanger (N.) r. Jean-Pain-Mollet, d. Arcis.
Boulanger (J.-Mich.) r. S.-Antoine, n. 43.
Boulanger (Vict.) cloître N".-Dame, div. Cité.
Boulat (J.) r. de Charanton, n. 28, d. Quinze-V.
Boulmet (Laz.) r. Charonne, n. 112, d. Montreuil.
Bourdois (Ch.) r. Pinon, n. 8, div. Mont-Blanc.
Bourdon (François-Alexandre) r. de Grenelle, n. 26, div. Halle au Bled.
Bouret (Hen.-Aug.) r. S.-Claude, n. 2, B.-Nouv.
Bourgeois (Marc.-Cl.) boulv. du Temple, n 28.
Bourgeois (Adr.-N.) pl. de l'Hôtel-de-Ville, n. 9.

Bourgeois (Mich.) T. quai des Ormes, d. Arsen.
Bourgeois (Jean-Louis) r. des Vieilles-Garni-
sons, div. Fidélité.
Bourgeois (Jacq.) r. de Verneuil, n. 14, d. Gren.
Bourgeois (Hug.) r. de l'Oursine, n. 35, d. Finis.
Bourgeot (F⁵) F. r. de la Loi, n. 27, Butte-d.-M.
Bourgogne (Pie.-H.) r. Regratière, n. 20, Frat.
Bourguignon (Noël) r. de la Harpe, n. 55, T.-F.
Bourquelot (J.-J.) r. des Noyers, n 51, Panth.
Bourquin (P.-A.) r. des Canettes, n. 14, d. Lux.
Boursain (Théod.) T. quai de la Tournelle,
n. 13 div. Plantes.
Boursier (mademois.) r. du Four, n. 36, Cont.-S.
Boutcaux (J. B⁴.) r. de Beauvais, n. 5., Muséum.
Boutellier (Prr.) r. Montorgueil, n. 32, Bon-C.
Boutellier, r. de Lille, n. 43, d. Grenelle.
Boutemare (Pre.-Cl.) r. S.-Jacques, n. 126, d. Th.
Bouton (Jean-Mⁿ.) r. de l'École de Médecine,
n. 22, div. Théâtre-Français.
Boutot (Jacq.) f. S.-Jacques, n 202, d. Therm.
Boutot (Paul) r. S.-Denis, n. 232, d. A.-de-la-P.
Boutron (L⁵.-Juste) f. S-Denis, n. 21, d Pois.
Bouvré (J.-Cl.) F. r. de la Vieille-Draperie,
n. 23, div. Cité.
Boyeau (Léon.) r. de l'Oursine, n 11, d. Finis.
Branche (F⁵.) r. de Lille, n. 25, d. Grenelle.
Brasier (L⁵.-Aug.) r. de la Ferronnerie, n. 1.
Brault (J.-L⁵.-Arm.) r. Helvétius, n 52, d. Pel.
Breton (N⁵.) r. Mercier, n. 1, d. Halle au Bled.
Breton (J.-B⁴.) f. du Temple, n. 4, d. Temple.
Breton (v⁰.) r. Guérin-Boisseau, n. 20.
Bresson (Pre.) r. de Charenton, n. 69, Quinze-V.
Bresson (v⁰.) r de l'Éperon, n. 10, d. Th.-Fr.
Bricon (Jacq.) T. r. Croix-des-Petits-Champs,
n. 55, div. Halle au Bled.
Bridanne (J.-B⁴.) r. Montmartre, n. 75, d. Mail.

Bridoux (J.-B°.-Jos.) quai de la Tournelle , n. 25, d. Plantes.
Brilley (J.-B°.) r. de Bourgogne, n. 46 , d. Inv.
Brisson (L°.-Jos.) r. du Jardin des Plantes , n. 8, d. Plantes.
Brizard (J.-Ant.) T. r. Froidmanteau , n. 13.
Brocault (Cl.-Brice) T. r. S.-Nicaise , n. 5, Tuil.
Broquet (Ur.) quai Pelletier , n. 55 , d. Arcis.
Brossard (F°.-Jos.) r. de la Mortellerie , d. Fid.
Brot (J.-B°.) r. de Lille , n. 13 , d. Grenelle.
Brottier (Pre.-René) contour de la Bastille , n. 7, d. Quinze-Vingts.
Brout (Jacq.) quai des Ormes , div. Fidélité.
Broyer (J.) r. Quincampoix, n. 55, d. Lombards.
Brunet (J.-B°.) r. des Nonandières , n. 1, d. Fid.
Bruxelles (Claude-Adr.) r. de la Michaudière , n. 19 , div. Pelletier.
Buisson (El.-Val.) r. Cocatrix , div. Cité.
Bunon (N°.) quai Malaquais , n. 2, d. Unité.
Burnet (M°.) r. Coquenard, n. 94, d. f. Montm.
Burgy (Jacq.) r. S.-Sauveur, n. 55, d. B.-Conseil.
Bussière (Cl.-L°.) r. de la Lingerie, n. 7, March.
Bussière (F°.) r. des Fos.-S.-Victor, n. 7, Plant.
Butteux (Sulp.) r. S.-Paul , n. 4, c. Arsenal.
Busenet (Maur.) r. Gallande, n. 20, d. Panthéon.

MARCHANDS DE VINS EN GROS.

Barca , r. des Fos.-S.-Bernard, n. 21 , d. Plant.
Benoîts (Côme) quai S.-Bernard, n. 55, d. Pl.
Besson (frères) quai de l'Egalité, n. 12, d. Frat.
Bleuard (Ch.) r. des Fos.-S.-Bernard, n. 11, Pl.
Boitel (v°.) r. des Fos.-S.-Berdard, n. 45, Pl.
Boitard (Jér.) gros, à la Halle, d. Plantes.
Broussain, r. des Fos.-S.-Bernard, n. 21, d. Pl.

Mds. DE VINS COMMISSIONNAIRES.

Barbeau (Gab.) q. de l'Egalité, n. 61, d. Frat.

(32)

Barbeau (v°.) r. des Fos.-S.-Bernard, n. 14, Pl.
Bertrand (L*.) r. des Fos.-S.-Bernard, n. 24, Pl.
Bonne, r. S.-Louis, n. 94, div. Fraternité.

MARCHANDS DE VINS FORAINS.

Bertrand (Gab.) quai de la Liberté, n. 28, Frat.
Bouneau (J.) r. Regratière, n. 8, d. Fraternité.

C.

CAFFIN (Pr°.-Jos.) r. de Lille, n. 12, d. Grenelle.
Cagé (Ant.-Hon.) r. J.-J.-Rouss. n. 13, Cont.-S.
Cagé (J.-B°.) r. S.-Victor, n. 80, d. Plantes.
Cagnier (A.-Alexis) r. S.-Jacques, n. 244, Obs.
Cagny (L*.) r. de la Coutellerie, div. Arcis.
Calot (L*.-Guil.) r. S.-Denis, n. 3, d. Muséum.
Camel (Théod.) r. de Louvois, n. 9, d. Pellet.
Canaple (J.-Ch.) r. Froidmanteau, n. 7, d. Tuil.
Canet (J.-Pr°.) pl. de l'Abbaye, n. 5, d. Unité.
Canet (J.-B°.) charnier des Innocens, n. 11.
Canet (J.) T. cour S.-Guillaume, n. 7, B.-d.-M.
Canné (Gab.-Jos.) r. du Temple, n. 15, d. Réun.
Canu (Den.-Nic.-Franç.) r. du Petit-Carreau,
  n. 29, div. Brutus.
Canuet (v°.) r. S.-Louis, n. 51, d. Pont-Neuf.
Capoulade (Jos.) r. Batave, n. 11, d. Tuileries.
Carbonnier (Porphire) g. r. Chaillot, d. Ch.-El.
Cardinal (Cl.) r. S.-Thomas- du-L°. n. 6, d. Tuil.
Cardinet (Jacq.-P.) r. St°.-Croix, n. 9, pl. Ven.
Cardinet (Ant.) r. du Champ-du-Repos, n. 1.
Cardinet (J.) r. N°.-Egalité, n. 44, d. B.-Nouv.
Carpentier (Ch.) T. f. S.-Honoré, n. 1, Ch.-Ely.
Carpentier (J.-Cyp.) r. Michel-le-Pelletier, d. R.
Carpentier (v°.) r. Moffetard, n. 115, d. Finis.
Carresmestrant (F°.) r. l'Evêque, n. 23, B.-d.-M.

(33)

Carron (Mich.) cloît. S.-Jacques, n. 11, d. Lomb.
Carron (Ant.) r. St^e.-Avoie, n. 7, d. Réunion.
Carron (Ant.) r. S.-Jacq.-la-Boucherie, d. Arcis.
Carron (F^s.) cour la Moignon, n. 31, d. Pont-N.
Carrouge (André) r. de la Grande-Tripperie,
    n. 7, div. Marchés.
Carrouge (Ch.) cour du Palais, n. 16, d. Pont-N.
Casemiche (Jacob) cour des Coches, div. Roule.
Cassan (J.) r. Gervais-Laurent, n. 16, d. Cité.
Castey, r. de la Huchette, n. 18, d. Thermes.
Cavet (J.) r. Babille, n. 3, d. Halle au Bled.
Cavietzelle (P^{re}.) r. de la Huchette, n. 54, Ther.
Cauchois (v^e.) r. de la Loi, n. 43, Butte-d.-M.
Cauchois (I.-B^e.) T. r. S.-Ger...-l'Auxerrois,
    n. 33, div. Muséum.
Cauchois, r. S.-Martin, n. 64, div. Bondi.
Cauvard (Ant.) r. de Seine, n. 45, d. Unité.
Cauvard (Jos.) r. Hauteville, n. 31, d. Poisson.
Chabeaut (J.) pas. des P.-Pères, n. 4, d. Mail.
Chabert (J.) boulv. du Temple, n. 52, Temple.
Chabreron (Syiv.) quai de la Tournelle, n. 5, Pl.
Chagot (P^{re}.) r. de Jouy, div. Fidélité.
Chalendon (Et.) T. allée d'Antin, d. Ch.-Ely.
Chamont (G^e.) T. r. S.-Bernard, n. 3, d. Plant.
Chamoin (v^e.) r. de Bretagne, n. 22, Hom.-Arm.
Champagne (Nic.) T. au Mail, div. Arsenal.
Champfort (Noël-Aug.) Abbaye, n. 10, d. Unité.
Champion (J.-B^e.) r. S.-Antoine, n. 159, Ind.
Chapusot (P^{re}.) r. de la Madeleine, d. Roule.
Charbonnier (L^s.) r. du Helder, n. 14, Mont-B.
Charlot (P^{re}.-Franç.) r. des Filles-du-Calvaire.
Charpentier (J.-P^{re}.) p. de l'Hôt.-de-Ville, d. Ar.
Charpentier (J.-Pi^e.) r. Michel-Lepelletier.
Charré (F^s.) g. r. de Chaillot, d. Ch.-Elysées.
Chat (Cl.) r. Basse-du-Rempart, n. 529, p. Ven.
Chatillon (J.-P^{re}.) f. Poissonnière, n. 7, f. Mont.

Chaumont (Vinc.-Nic.) r. S.-Honoré , n. 376.
Chaussenot (J.-B^e.) r des Quatre-Fils , n. 2.
Chauvin (Ch.) r. Roque-Epine , div. Roule.
Chemin (P^{re}.) pl. S.-André, n. 3, Théât.-Franç.
Chenel (F^s.) r. de la Harpe, n. 34, Thé.-Franç.
Chenet (Jacq.) r. de la Tournelle, n. 1 , d. Plant.
Chevallier (J.-L^s.) r. S.-Martin . n. 317, Amis.
Chevallier (L^s.) r. Coupeau , n. 9 , d. Plantes.
Chevallier (J.-B^e.) r. de la Fraternité , n. 28.
Chevrier (Et.) r. de Grenelle , n. 61 , d. Ouest.
Chibleur (Jos.) r. St^e.-Margu eritte, n. 12, Unité.
Chollet (Et.) f. S.-Martin , n. 200 , div. Bondi.
Cholet (J.-B^e.) v. r. du Temple , n. 8, Dr.-d.-L.
Chopinot (P^{re}.) r. de Turenne , n. 2 , d. Indivs.
Chouard (P^{re}.) port de l'Arsenal, div. Arsenal.
Cingey (Edme) r. du Temple, n. 68 , Hom.-Ar.
Citerne (Nic.) r. de la Bareillerie, n. 2 , d. Cité.
Clemendo (J.-Gab.) r. N^e.-D^e. de Nazareth ,
   n. 1 , div. Gravillers.
Clement (F^s.) r. des Filles-S.-Thomas , d. Pel.
Clément (mad.) r. du Mail , n. 13, div^t. Mail.
Clément (M^e.-Gab.) quai de la Grève, d. Fidél.
Cochegrue (Ant.) r. de la Victoire, n. 18, M.-B.
Cochet (Hen.-Adr.) r. S.-Martin , n. 35, Lomb.
Cochet (P^{re}.) r. aux Ours , n. 58 , Amis-de-la-P.
Cochery (J.-Cl.) quai de Chaillot , Ch.-Elysées.
Cochin (Gabriel) r. S.-Germain-l'Auxerrois ,
Coigney (P^{re}.) r. S.-Joseph , n. 15 , d. Brutus.
Colard (Aug.) f. S.-Antoine , n. 297, d. Montr.
Colardot (Ant.-Franç.) r. de Jouy , d. Fidélité.
Colasse (J.-Benigne) r. des Francs-Bourgois ,
   n. 8 div. Thermes.
Colas (Jacq.-L^s.) r. S.-Denis , n. 49 , d. March.
Collaud (Jacq.) r. de Lancry , n. 3 , d. Bondi.
Collet (P^{re}.-Sim.) passage du Ponceau , r. S.-
   Martin , n. 271 , div. Amis-de-la-Patrie.

(35)

Collet (Ant.) r. Tirreboudin, n. 17, d. Bon-Cons.
Collet (J.-Marie) r. S.-Victor, n. 114, d. Plant.
Colson (J.-Nic.) r. des Juifs, n. 14, d. Dr.-de-l'H.
Combe (J.-Franç.) r. Vaugirard, n. 64, d. Lux.
Comby (J.) T. allée d'Antin, d. Champs-Elys.
Compienne (Pr.-Mich.) r. des Vertus n. 19, Gr.
Coulat (Pre.) r. Montorgueil, n. 7, d. Cont.-Soc.
Convert (J.-Franç.-Xav.) march. Ste.-Catherine,
    n. 9, div. Invisibilité.
Coppin (Emde) r. de la Mortellerie, d. Fidélité.
Copponet (Ant.) r. de Fromagerie, n. 3, March.
Coquard (Nic.) r. de Jarente, n. 6, d. Indivisib.
Coquard (Ls.) r. du Jardinet, n. 12, d. Th.-Fr.
Coquard (L.-Geor.) r. du Four, n. 38, d. Unité.
Coquelin (Ch.-Cl.) r. des Filles-S.-Thomas,
    n. 15, div. Mail.
Coradin (Franç.-Jos.) r. S.-Victor, n. 71, d. Pl.
Corard (Fs.) r. de Bourgogne, n. 25, d. Ouest.
Cordonnier (J.-J.) r. J.-Pain-Mollet, d. Arcis.
Cornevin (Nic.) pl. des Italiens, n. 522, l'ellet.
Cossard (J.) r. Mouffetard, n. 509, d. Finistère.
Coste (J.) r. S.-Jacques, n. 294, d. Observatoire.
Coste (Ant.) r. S.-Jacques, n. 506, d. Observ.
Coste (Mlle.) r. N.-D.-des-Victoires, n. 36, Mail.
Cotta (J.) r. S.-Germ.-l'Auxer. n. 93, Muséum.
Cotterel (Jos.-Ns.) r. d'Orléans, n. 20, d. Finis.
Cottin (Franç.) T. r. de l'Anglade, n. 1 B.-d.-M.
Cottinot (J.-Fs.) r. de la Harpe, n. 37, d. Therm.
Coville (Ls.) r. Ventatour, Butte-des-Moulins.
Couaillier (Vic.) march. S.-Martin, n. 32, Grav.
Coudy-Durant, r. des Poulies, n. 4, d. Gdes.-F.
Couleux (J.-Nic.) r. du Figuier, d. Arsenal.
Coulmy (J.-Nic.) r. du Figuier, div. Arsenal.
Coulon Pre.) r. de la Lingerie, n. 11, d. March.
Courtois (J.) r. S.-And.-des-Arts, 71, d. Th.-Fr.
Courtois, traiteur, à la Rappée.

Coutier (Ant) r· de la Calandre, n. 14, d. Cité.
Crétien (J.-L⁵) f. du Roule , n. 152 , d. Roule.
Crétien (J.) T. r. des Nonandières , d. Arsenal:
Crétot (Franç.) r des Champs-Elyées , n. 11.
Crosnier (J.) march. S.-Martin , n. 8, d. Gravil.
Crucifix (J.-Bᵉ.) r. de Sèvres, n. 68 , d. Ouest.
Crucifix (L⁵.) f. S.-Martin , n. 41 , d. Nord.
Cuiret (J.-Bᵉ.) r. de la Roquette, n. 14, Montr.
Cullot (femme) r· des Champs-Elysées, n. 11.
Cullot (Mich.-Nic.) r· de la Vieille-Draperie ,
    n. 34 , div. Cité.
Cullot (Mich.) r. S.-Martin, n. 263, d. A.-de-la-P.
Cupillard (Jos.) T. f. S.-Honoré , n. 16, Ch.-El.
Cuquemel (Sim.) r. des Nonaindires, d. Arsen.
Curé (Cl) T. r. N-des-Mathurins, n. 10, p. Ven.
Curtilet (Franç) r. des Fossoyeurs, n. 32, Lux.
Cussy (P.-R.-Franç.) r. Froidmanteau, n. 19.

MARCHANDS EN GROS.

Canu (Th.) quai de la Tournelle , n. 3, Plante·.
Champion , r. des Fos-S.-Bernard , 31, Plantes.
Chantrel , quai de la République , d Fraternité.
Carmet (Ant.) r. de la Fraternité . n. 4 , d. Frat.
Colas , quai de la Liberté , n. 22, d. Fraternité.

COMMISSIONNAIRES.

Charlot , Port au Vin , div. Plantes.
Chobard (Ch.-Pancr.) quai de la Tournelle ,
    n. 41 , div. Plantes.
Collet , r. de la Fraternité , div. Fraternité.
Couty (Rob.) quai de la Liberté , n. 8, Fratern.

FORAINS.

Cabriole , Halle au vin , div. Plantes.

Champeau,

Champean , r. des Fos-S.-Bernard, n. 12, d. Pl.
Charmet , quai de la Tonrnelle , div. Plantes.
Chatillon , r. S.-Louis, n. 8, div. Fraternité.
Cunel , quai de la République, n. 11, Fraternité.

D

Dabout, r. S.-Nicolas , div. place Vendôme.
Dadonne (P^{re}.) r. de Miroménil, div. Roule.
Dagnet (P^{re}.) r. des Filles-du-Calvaire, n. 79.
Dagny (L.-Mich.-Réné) r. du Gros-Chenet,
   n. 1, div. Brutus.
Dalberque (Lubin) r. d'Angivilliers, n. 18.
Dallée (L.) r. Cult.-St°.-Catherine, n. 14, Indiv.
Dallemagne (Cl.) r. N°.-le-Pelletier, n. 9, d. Pel.
Daligny (Franç.-Chapon) T. r. S.-Antoine ,
   n. 222 , div. Arsenal.
Daligny (P^{re}.) r. des Gd°.-Degrés, n. 1, Panth.
Damême (Luc.) r. S.-Antoine, n. 185, d. Indiv.
Dan (Ch) march. des Enf.-Rouges, d. Hom.-Ar.
Darentière (Ant.) r. Creuenat, n. 26, A.-de-la-P.
Darentière (H.) r. Montmartre, n. 108, d. Brut.
Darragon (Nic.-Franç.) r. de Bussy ,n. 7, Unité.
Dartois (Adr.-Franç.) r. Beaubourg, n. 3, Réun.
Daval (Nic.) r. Joquelet , n. 3 , div. Mail.
Davrainville (Nicolas) Petits Pilliers des Halles,
   n. 87 , div. Bon-Conseil.
Daviot (J.-B".) r. N.-D.-de-Nazareth, n. 7, Grav.
Davoise (Ben.) T. quai des Ormes, d. Arsenal.
Dauphinot (Jér.) r. Amelot, n. 14, d. Montreuil.
Dauvin (Paul) r. N.-des-Bons-Enfans, B.-d.-M.
Dauthreaut (Franç.-Phi.) r. S.-Honoré, n. 234.
Debeauvais (A.) r. N.-Egalité, n. 28, B.-Nouv.
Debelle (Et.) T. r. S.-Nicaise , n. 2 , d. Tuiler.
Debey (L.-Fél.) r. Payée, n. 2, div. Bon-Cons.

Debray (Ch.) r. de Cléry , n. 87, d. Bon.-Nouv.
Debrie (L.) T. boulv. l'Hôpital , n. 10 , Finis.
Debrienne (F.-Th.) pl. du Palais, n. 29, d. Cité.
Debouy (Jacq.-L.) r. du Figuier, div. Arsenal.
Decharmes (Cl.) r. Croix-des-Petits-Champs ,
    n. 53 , div. Halle au Bled.
Decharmes (P.) r. des Ps.-Champs, n. 9, B.-de-M.
Decloux (J.-Bt.) quai des Ormes , div. Fidélité.
Dédomène (J.-Aug.) T. r. de Bellefond , n. 25.
Defresne (L.) r. S.-Honoré , n. 345, d. Tuiller.
Defresnes (ve) r. Joquelet, n. 6 , div. Mail.
Deharme (Claude) r. des Grands.-Augustins ,
    n. 10 , div. Théâtre-Français.
Dehaut (Did.-B.) r. N.-d'Orléans , n. 22, Nord.
Dehostingue (J.-Bt.) r. de la Tournelle , n. 15.
Delafaix (Marc) r. de l'Arbre-Sec, n. 1, Muséum.
Delamare (L.-Den.) T. r. des Nonaindieres, Ar.
Delan (ve.) r. Barbette, n. 16 , d. Indivisibilité.
Delange (Is.-Et.) r. de Beaune , n. 14, d. Gren.
Delanoue (J.-E.) q. de la Vallée, n. 15, d. T.-Fr.
Delanoye (Ign.) av. des Invalides, n. 2, d. Indiv.
Delaplace (md.) r. Vide-Gousset , n. 1, d. Mail.
Delaporte (Henri) *doyen des marchands* , r. de
    Courty , n. 2 , div. Grenelle.
Delaporte (And.-Luc) boul. l'Hôpital, d. Finis.
Delaquy (J.) r. de la Mortellerie, div. Fidélité.
Delarue (P.-Hen) r. Helvétius , n. 26, B d.-M.
Delarue (Nic.) du G.-Hurleur , n. 15, A.-d.-l.-P.
Delarue (Al.) r. Cult.-Ste.-Catherine, n. 38, Ind.
Delarue (Pre.) r. Charonne, n. 5, d. Montreuil.
Delassue (ve.) r. de Thionville, n. 35, Th.-Fr.
Delassue (Mathi.) r. Chabannois , n. 6, Pellet.
Delaunay (J.-Geor.) r. des Petits-Augustins ,
    n. 2, div. Unité.
Delaune (Me.-Nic.) T. boul, l'Hôpital, n, 6, F.
Delaune (J.-Cl.) q. S.-Bernard, n. 1 , d. Plant

Delavaquerie (Cl.) r. S.-Jérôme , d Arcis.
Delcaen (J.) r. de la Roquette, n. 20, d Montr.
Delétang (Nic.) r. Mouffetard, n. 31, d. Plantes.
Delestenne(Aug.)r. du Mont-Blanc, n. 17, Veu.
Dellerieu (Rém.) r. de la Bucherie, n. 1 , Pant.
Délire (Jacq.) r. de Poitou , d. Homme-Armé.
Delmane , r. de la Vannerie , n. 17, d. Lomb.
Demanche (Paul) r. de la Fraternité, n. 65, Fr.
Demarine (Den.) f. S.-Denis , n. 68, Nord.
Demême (Laur.) r. de la Verrerie , n. 33.
Demetz (Franç.) r. J.-Robert , n. 18, d. Grav.
Demimuid (Bern.) march. aux Poirées , n. 1.
Demoncourt (L.-Pre.) r. des Poulies , n. 12.
Demongeat-Ciriac, r. de Lille , n. 40 , d. Gren.
Demore (Crist.) r. de Vaugirard , n. 7, Luxem.
Demorgué (J.-Be.) r. S.-Antoine, n. 205, Indiv.
Denis (Pre.) r. de la Verrerie, n. 85 , Arcis.
Denis (L.-Ch.) contour de la Bastille, n. 20, Ar.
Derbers (Franç.-Jos.) r. de la Croix, n. 20, Gra.
Desauve (Den.-Mich.) r. des Trois-Pistolets ,
    n. 14, Arsenal.
Desblangis (Ch.) r. de Thionville, n. 6, d. Unité.
Desbœufs (Germ.-Hen) r. S.-Victor, n. 108.
Desbœufs (Germ.) r, Tirrechappe, n. 16. G.-F.
Descards (J. Be.) r. de l'Université, n. 4, d. Inv.
Deschennes (Jacq.-Simon.) quai S.-Bernard ,
    n. 67 , div. Plantes.
Descoufflets (Jacq.) r. Marceau , n. 1 , d. Tuille.
Descoust (J.-Be.) r. Coquenard, n 6, d. f. Mont.
Desgrains (Mlle.)r. de Charenton, n. 80, d. Q.-V.
Deshayes (Séb.) r. du Lycée, d. Butte-des-M.
Deshuel (J.) r. S.-Jacques , n. 265 , d. Observ.
Desjardins (Jos.) r. Amelot , n. 28 , d. Popinc.
Desmarets (Nic.) T. r. S.-Lazare, n. 74, M.-B.
Desnoyelles (Ant.-Nic.) r. S.-Martin , n. 163.
Desnoyelles , r. des Deux-Portes, n. 7, d. Bon-C.

Desnoyelle (And.) r. de la Raquette, n. 54, P.
Desoy (Laur.) r. des Droits de l'Homme, n. 14.
Desplanches (J.-P^{re}.) r. de la Lune, n. 3, B. N.
Despréaux (J.-Bonif.) r. de la Cossannerie , n. 35, div. Marchés.
Despréaux (Aug.) r. du Colombier, n. 8, Unité.
Despreuves (Et.-J.) marché S.-Martin, n. 14.
Desprez (Guil.) r. S.-Honoré , n. 253 , d. Tuil.
Despy (L.) r. N.-St^e.-Geneviève , n. 6, d. Obs.
Desrosiers (And.-Gast.) r. d'Argenteuil , n. 31.
Dessailleux (Claude) r. des Vieilles-Tuilleries , n 12 , Ouest.
Desserin (Cl.) r. de la Ferronnerie, n. 75 , Mar.
Deveaux (P^{re}.-Ch.) r. de Charenton , n. 46.
Deveaux (J.-Ch) r. Mazarine , n. 33 , d. Unité.
Deversine (Franç.) r. S.-Paul , n. 29 , d. Arsenal.
Devilliers (Nic.) f. S.-Antoine, n. 145, d. Montr.
Devilliers, f. S.-Jacques , n. 299 , div. Observat.
Devilliers (J.) quai de la Monnaie , n. 3, Unité.
Dharcourt (S.) r. de la Barillerie, n. 24, P.-Neuf.
Dharcourt (Mich.) r. S.-Honoré, n. 320, B-d.-M.
Diemasson (P^{re}.) f. S.-Antoine, n. 166, d. Q.-V.
Dieudonné (Ant.) T. r. Froidmanteau, n. 13, T.
Digard (Jér.) r. S.-Lazare , n. 66, d. Mont-Blanc.
Digeon (L.) pl. de l'Hôt.-de-Ville , n. 2, d. Fid.
Discret (God.) r. de Bourgogne , n. 22 , d. Inv.
Dodard (L.-Fr.) f. S.-Martin , n. 71 , d. Nord.
Doinel (C.-Th.) r. N^e.-Egalité, n. 20, d. B.-Nouv.
Dolbeau (Hub.) quai S.-Bernard, n. 71. d. Plant.
Dolivet (Franç.) pilliers d'Etain, n. 2 , March.
Doller (Ant.) r. S.-Lazare, n. 92 , div. Roule.
Dorigny (Cl.-Vin) r. Croix-des-Petits-Champs, n. 5 , Halle au Bled.
Dorleans (Laur.) r. des Cinq-Diamans, n. 5, L.
Dorme (J.-B^e.) Port au Plâtre, n. 2, Quinze-V.
Doucet (J.-B^e.) r. N.-des-Bons-Enfans, B.-d.-M.

Douillon (Jos.) r. d. Chantre, n. 25, d. Gard.-F.
Dreveaux (Cl. M.) r. S.-Jacques, n. 69, d. Pant.
Drouau (Laur.) r. du P.-Vaugirard, n. 2, Ouest.
Drouin (Ant.) r. des Vertus, n. 18, d. Gravil.
Drouin (Edme-Franç.-Jos.) place du Corps-
    Législatif, div. Invalides.
Druet (Ch.) f. du Temple, n. 33, div. Bondi.
Dubeau (Louis) r. S.-Paul, div. Arsenal.
Dubertray (J.-Et.) T. Demi-lune, Champs-Ely.
Dubertray (frères) pav. Morfontaine, Ch.-Ely.
Dubois (J.-B°.) r. du Mont-Blanc, n. 4, d. M.-B.
Dubois (Tous.) r. S.-Denis, n. 287, d. Bon.-Nou.
Ducauquy (Nic.) f. Montmartre, n. 15, Mont-M.
Duché (Ben.) r. S.-Jacques, n. 532, d. Observ.
Duchossoy (Ant.) r. S.-Thomas-du-Louvre,
    n. 19, div. Tuilleries.
Duchossoy (J.) r. f. .-Honoré, n. 16, d. Ch.-Ely.
Duchossoy (L.) r. de Viarmes, n. 22, Halle-au B.
Duchossoy (Ant.-Mar.) r. du Monceau, d. Fid.
Duclos (Jacq.) r. de Reuilly, n. 32, d. Quinze-V.
Ducreux, r. Regratière, n. 15, d. Fraternité.
Ducroux (Yves) r. de Lappe, div. Popincourt.
Dufaitre-Baslein, r. des Deux-Ponts, n. 12, Frat.
Dufay (L) r. Troussevache, n. 39, div. Lomb.
Dufis, trait., boulv. S.-Martin, d. Gravilliers.
Dufresne (Guyon) r. S.-Jacques, n. 124, d. Ther.
Dujarrier (Gab.-Jul.) r. S.-Victor, n. 62, Plant.
Dulac (Fr.) r. de Seine, n. 6, d. Unité.
Duliége (Jacq.) T. r. de Tournon, n. 18, d. Lux.
Dulot (Fr.) quai S.-Bernard, n. 75, d. Plantes.
Dumas (J.-J.) r. S.-Denis, n. 137, div. Bon-C.
Dumay (Fr.-Prud.) r. Bailleul, n. 3, Gard.-Fr.
Dumaugeot (Fr.) r. Beaubourg, n. 40, d. Réun.
Dumonchel (L.-Gil.) pl. Dauphine n. 19, P.-N.
Dumont (J.-B°.) cloît. Notre-Dame, div. Cité.
Dumont (Fr.-Ch.) r. S.-Paul, n. 9; d. Arsenal

Dupas (Jos.) r. S.-Jacques, n. 130, d. Thermes.
Dupont (Et.-Jul.) f. S.-Antoine, n. 152, Q.-V.
Dupuis (Et.-Séb.) T. r. Quiberon, d. Quinze-V.
Dupuis (Et.) T. r. S.-Denis, n. 113, d. Marchés.
Dupuis (Jacq.) r. de Bourgogne, n. 13, Grenelle.
Durand (J.-I.ˢ) r. du Four, n. 5, div. Unité.
Durand (Edme-Cl.) r. de Bretagne, n. 48, Temp.
Durandin (Nˢ.) T. Pavillon-Mort-Fontaine,
    n. 1, div. Champs-Elysées.
Durency (J.-Ch.) petite r. de Louvois, n. 8,
    div. Lepelletier.
Durif (Et.) r. d'Anjou, div. place Vendôme.
Dusardet (Nic.) r. des Moineaux, n. 23, B. d. M.
Dusardy (Nic.) quai des Ormes, div. Fidélité.
Dutory (Thib.) au 1ᵉʳ. r. de Reuilly, n. 4, Q.-V.
Duval (Phil.-Fˢ.) r. S.-Denis, n. 379, B. Nouv.
Duval (Alexand.-Bern.-Bonav.) r. du Temple,
    n. 133, div. Gravilliers.
Duval (J.-L.-Nic.) r. Montmartre, n. 158 Br.
Duval (Ant.-Hubert) r. de Verneuil, n. 47.
Duverger (Jean-Fr.) r. de la Mortellerie, Fid.
Dutertre (Mic.) r. d'Aval, n. 2, d. Popincourt.

MARCHANDS EN GROS.

Damiron, quai de la Liberté, n. 8, d. Fraternité.
Deliége (Prᵉ.) r. du Hasard, n. 8, B. des Moul.
Digaud, r. de Bretonvilliers, n. 5, d. Fratern.
Drouin (Fˢ.) r. des Fossés-S.-Bern., n. 5, Pl.
Ducarruge, à la halle au Vin, div. Plantes.
Dupont, quai de la Tournelle, n. 17, d. Plantes.

COMMISSIONNAIRES.

Dubeau, r. de la Fraternité, n. 74, d. Fratern.
Duclos, r. de Bretonvilliers, n. 3, d. Fraternité.

Duloire, quai de la Liberté, div. Fraternité.

FORAINS.

Dufour, r. des Ciseaux, div. Unité.

E.

Eglie (v^e.), r. Neuve-S.-Paul, n. 20, d. Arsenal.
Elie (L.-Jos.), r. du Petit-Carreau, n. 14, B.-C.
Erard (F^s.-Guil.) r. des Déchargeurs, n. 11,
   div. Gardes-Françaises.
Esclavy (J.-Bapt.) quai S.-Bernard, n. 55, Plant.
Estancelin (J.-P^{re}.) quai de la Grève, d. Fidél.
Estivalet (Ant.) r. Galande, n. 4, div. Panthéon.
Etienne (Cl.) r. de la Justice, n. 7, d. Luxemb.

F.

Faillot (Jacq.) r. des Ecrivains, n. 15, d. Lomb.
Faitot (Jos.) r. de Bercy, div. Quinze-Vingts.
Fanouillet (P^{re}.) r. Quincampoix, n. 26, Lomb.
Fautin (J.-Bapt.) r. Bertin-Poirée, n. 1, d. Mus.
Farcy (Ch.) T. quai S.-Bernard, n. 85, d. Plant.
Fardet (J.-Bapt.) faub. S.-Ant., n. 190. Q.-V.
Faroux (Guill.-L^s.) faub. S.-Denis, n. 35, Poiss.
Farrois (Geor.) faub. Montm., n. 36, F. Montm.
Fattier (Cl.) r. S.-Jacques, n. 5, div. Panthéon.
Faucheur (J.-Bapt.) faub. S.-Antoine, n. 154,
   div. Quinze-Vingts.
Faucille (Phil.-Hen.) r. des Grands-Augustins,
   n. 8, div. Théâtre-Français.
Faucon (Nic.-Fel) r. de la Lune, n. 10, B.-Nouv.
Faucon (Germ.) r. S.-André-des-Arts, n. 79,
   div. Théâtre-Français.

Fauginet (J.) r. de la Vrillière, n. 6, halle au B.
Favre (Cl.-J.-Bapt.) r. de la Verrerie , n. 14,
  div. Droits-de-l'Homme.
Felis (Edme) r. S.-Louiss, n. 41, d. Fraternité.
Felix (Ch.) r. du Coq, n. 5, div. Gardes-Franç.
Ferand (Cl.-Pre.) r. Planche-Mibray, d. Arcis.
Ferand (Edme-Fs.) r. de la Verrerie, n. 44, Réu.
Feret (ve.) r. Gît-le-Cœur, n. 3, d. Th.-Franç.
Feron (J.-Bapt.) r. de Sèvres, n. 19, div. Ouest.
Ferrières (Nic.) r. du Perche, n. 121, H.-Armé.
Fery (Nic.) faub. S.-Martin, n. 57, div. Nord.
Fery (Cl.) r. des Nonaindières, div. Fidélité.
Fichaux (Pre.) r. S.-Germ.-l'Auxerrois, n. 44,
  div. Muséum.
Ficher (J.-Bapt.) r. des Vieilles-Etuves, n. 14,
  div. halle au Bled.
Fiot (Pre.-Réné) faub. S.-Martin, n. 114, Bondi.
Flenret (Ant.) faub. du Roule, n. 128, d. Roule.
Fleury (Jaq.-Fs.) r. de la Boucherie, n. 4, Inval.
Flicoteau (J.-Nic.) r. de la Calendre, n. 40, Cité.
Flizet (Ls.-J.-Pre.-Gilles) r. S.-Honoré, n. 133,
  div. Gardes-Françaises.
Floquet (J.-Bapt.) faub. S.-Mart., n. 150, Bondi.
Flogny (Edme-And.) r. de la Corderie, n. 13,
  div. Homme-Armé.
Floriet (Benig.) r. S.-Denis, n. 371, d. B. Nouv.
Floriet (Cl.) r. S.-Denis, n. 264, Am. de la Pat.
Floriet (Benj.) r. de la Vieille-Drap. n. 6, Cité.
Floriet (Rog.-Touss.) T. r. Montorgueil, n. 52.
Floury (J. Bapt.) r. Notre-Dame-des-Victoires,
  n. 13, div. Mail.
Follèche (Ls.-Fs.) faub. S.-Mart., n. 146, Bondi.
Fontaine (Pre.-Sal.) r. Ne.-S.-Eustac., n. 17, Br.
Fontaine (Th.) cul-de-sac S.-Claude, n. 3, Mail.
Fontaine (Pre.-Fs.) r. de la Féronnerie, u. 35,
  div. Marchés.

Fontanine (F^s.-Jul.) r. Troussevache, n. 4, Lom.
Forais (Philib.) r. S^{te}.Croix-de-la-Bretonnerie,
   n. 31, Droits-de-l'Homme,
Forcade (J. P^{re}.) r. de Seine, n. 6. div. Unité.
Forey (J.-Philib.) r. S.-Germ.-l'Aux., n. 55, Mus.
Forget (F^s.-Jos.) r. des Jardins, n. 20, d. Arsen.
Fort (Mart.) r. Contrescarpe, n. 10, d. Panthéon.
Fortiu, r. des Canettes, div. Luxembourg.
Fortin (J.) r. du faub. Montm., n. 4, F. Montm.
Fortin (P^{re}.) r. du Bout-du-Monde, n. 48, Brut.
Fortin (J.) r. d'Assas, n. 2, div. Luxembourg.
Fortuné (Ben.) r. de Bièvre. n. 38, d. Panthéon.
Fortuné (Et.) r. S.-Louis, div. Fraternité.
Fossey (v^e.) r. N^e.-S.-Denis, n. 34, A. de la Pat.
Foubert (Ch.) T. r. des 3 Couronnes, d. Temple.
Foubert (J.-F^s.) r. des Moineaux, n. 80, B.-d.-M.
Foucault (Léon.) r. S.-Honoré, n. 534, B-d.-M.
Fouchet (Jacq.) r. du Plâtre, n. 1, d. Panthéon.
Fouinat (P^{re}.) r. des Francs-Bourg, n. 43, T.-F.
Foullé (P^{re}.) r. N^e S.-Laurent, n. 27, d. Gravill.
Fouquet (J.-L^s.) r. des Rats, n. 1, d. Panthéon.
Fournier (J.-Bapt.) r. de la Cordonnerie, n. 11.
Fournier (Jos.) r. S.-Dominique, n. 61, d. Inval.
Fournier (Jos.) r. de Verneuil, n. 37. d. Gren.
Fournillon, r. S.-Louis. n. 55, div. Fraternité.
François. (Mar.) r. Marceau, n. 8, d. Thuileries.
François (Jacq.) r. Payenne, n. 2, d. Indivisibil.
Franche (F^s.) r. du Petit-Lion, n. 28, d B.-Con.
Francôme (L^s.Mart.) r. des Petits-Ch., n. 48, P.
Frandu (P^{re}.) r. de Vanne, n. 5, d. halle au Bl.
Fremairn (J.-F^s.) place du pont S.-Michel, n. 52.
Fremont (Germ. r. S.-Sébastien, n. 28, d. Pop.
Frereau (Nic.-P^{rs}.) r. des Boucheries, n. 31. Un.
Frère (L^s.) r. de Sèvres, n 52, div. Ouest.
Fretel (P^{re}.) r. de Cléry, n. 24, div. Brutus.
Freton (L^s.) r. de la Tonnellerie, n. 42, d. Marc.

Froment (Ant.) Pointe S.-Eustache, n. 10, B.-C.
Froment (L.ˢ.-Cl.) vieille, r. du Temple, n. 47.
Froment (Pʳᵉ.) r. du Mont-S.-Hilaire, n. 6, Pant-
Fromentin (vᵉ.) r. du Mont-Blanc, n. 27, Pl. V.

MARCHANDS EN GROS.

Foulon, r. des Lions, div. Arsenal.

MARCHANDS FORAINS.

Fandon, quai de l'Union, n. 9, div. Fraternité.
Fargerot, quai de l'Egalité, n. 6, d. Fraternité.
Fontaine, quai de la Liberté, n. 24, d. Fratern.

COMMISSIONNAIRES.

Faroux, quai de l'Egalité, div. Fraternité.

G.

Gabreau (Philib.) r. Petite-Tuanderie, n. 16.
Gagnier (Fˢ.) r. S.-Honoré, n. 307, dvi. Tuiler.
Gagnon (Nic.) r. des Mauvais-Garçons, n. 12.
Gaillard (Nic.) r. Montmartre, n. 101, d. Mail.
Gaillard (Clém.-Jac.) r. S.-Denis, n. 281, B.-C.
Gaillard (.-Badt.) r. Nᵉ.-S.-Denis, n. 20, A. P.
Gaillardet (Marc-Nic.) r. des Fossès-S.-Germ.-
    l'Auxerrois, n. 51, div. Muséum.
Gaillardon (Ben.) r. Aubry-Boucher, n. 28. Lom.
Gaillon (Nic.) r. de Grenelle, n. 66, div. Gren.
Galichon (Et.) port de l'Hôpital, n. 13, Finist.
Galimand (H.-Nic.) faub. S.-Denis, n. 50, Nord.
Gallet (J.) r. des Filles-Dieu, n. 29, d. B.-Nouv.
Gallet (Ant.) r. des Prouvaires, n. 39, d. C.-Sos.
Gallet (Pʳᵉ.) r. S.-Sébastien, n. 52, d. Popinc.

(47)

Gallois (Géor.) r. Feydeau, div. Lepelletier.
Gallois (Cl.-Ls.) r. des Droits-de-l'Homme,
    n 36, div. Droits-de-l'Homme.
Gallot (J.-Bapt.-Cl.) r. des Mauvais-Garçons,
    n. 13, div. Unité.
Gardel (Cl.-Alexis) r. S.-Honoré, n. 315, Tuil.
Garlin, r. du Vieux-Colombier, n. 31, d. Lux.
Garnier (Cl.) r. Culture-Ste.-Catherine, n. 4, Ind.
Garnot (Mic.) r. de l'Egalité, n. 6, d. Luxemb.
Gauche (Jacq.) marché S.-Martin, n. 23, Grav.
Gaucher (Pre.) r. S.-Antoine, n. 49, d. Montr.
Gaudron-Aubonne (J.) r. de Malte, n. 11, Tuil.
Gaudron (Hen.) marché S.-Jean, n. 31, D. l'H.
Gaumert (J.) r. de Popincourt, n. 54, d. Popinc.
Gautheron-Mabèze, r. Salle-au-Comte, n 6. L.
Gauthier (J.) r. de la Féronnerie, n. 69. Marc.
Gauthier (Fs.) r. d'Avignon, n. 7, d. Lombards.
Gauthier (J.-Paul) marché S.-Martin, n. 3, Gr.
Gauvin (Pre.-Ls.) r. des Grands-Degrés, n. 9.
Gélé (J.-Bapt.) faub. du Roule, n. 131, d. Roul.
Geley (Ch.-Franç) faub. S.-Denis, n. 36, Poiss.
Genet (Jacq.-Phil.) r. S.-Jean-de-Beauvais,
    n. 19, div. Panthéon.
Genin (Pie.) r. Coquenard, n. 36, F.-Montmart.
Genot (J.-B.) vieille rue du Temple, n. 80. Fr.
Genty (Ant.) r. des Deux-Ponts, n. 5, d. Frat.
Geoffroy (Ant.) r. du faub. S.-Honoré, n. 39.
Geoffroy (Nic.) T. avenue de Neuilly, Ch.-Elys.
Geoffroy (J.-B.) quai des Ormes. n. 9, d. Arsen.
Geoffroy (J.) r. S.-Louis, n. 9. div. Pont-Neuf.
Geoffroy (Pie.) r. des Fossés-S.-Bern., n. 35.
Gerard (And.) r. N.-D.-des-Victoires, n. 46.
George (Ch.-Pie.) r. Saintonge, n. 28. Temple.
Gerard (Franç) r. de Menilmontant, n. 84, Po.
Gerard (J.-B.) r. Aumaire, n. 2, d. Gravilliers.
Gerard (J.) faub. S. Antoine, n. 147, d. Montr.

Gerardin (Nic.) r. Babille, n. 4, d. Halle au Bl.
Germain (Germ.) r. Thévenot, n. 11, B.-Cons.
Gibier (Edm.) r. des Boucheries, n. 14, d. Un.
Giguet (Guér.) r. de la Tournelle, n. 4, Pant.
Gilbert (P^re.) r. St^e.-Avoye, n. 31, div. Réuu.
Gillet (Franç.) r. de la Harpe, n. 127, d. Ther.
Giot (Nic.) T. boulev. l'Hôpital, n. 3, d. Finist.
Girard (J.-B.) r. du Vieux-Colombier, n. 9, L.
Girardin (Edme-Th.) d'Argénteuil, n. 29, B. M.
Girardot (v^e.) r. de l'Oursine, n. 96, d. Observ.
Giraud (Jos.) r. de la Poterie, n. 3, d. Marchés.
Girod (Franç.) r. d'Anjou, div. Roule.
Giroux, r. Traversière, n. 1, div. Panthéon.
Gobelet (Hen.) r. du Vert-bois. n. 30, d. Grav.
Gobert, r. faub. S.-Jacques, n. 228, d. Observat.
God·froy (Jacq.-P^re.) r. des Noyers, n. 27, Pa.
Godfrin (Aug.) r. de la Fontaine, n. 3, d. Pell·
Godoni (Fr.) r. Montmartre, n. 2, d. Cont.-Sac.
Goffard (J.-B.) r. de l'Arbre-Sec, n. 24, d. Mus·
Gohin (J.-B.) r. de Grenelle, Gros Caill. d. Inv.
Goison (J.-Hil.) r. Batave, n. 10, div. Tuileries.
Gorinllot (Aug.) r. S.-Dominique, n. 10, d. Inv.
Gosselin (J.P^re.) T. avenue de Neuilly, Ch.-Elys.
Gosset (Gerard) r. Aumaire, n. 4, d. Gravilliers.
Gondal (Ant.) T. r. des Martyrs, n. 14, F. Mo.
Goujibus (J. B.) r. de Jérusalem, n. 1, d. P.-Neuf.
Goujon (J. Jul.), quai des Célestins, n. 7, d. Ars.
Goujon (Vin.) r. des Vieux-Augustins, n. 28, M.
Gouneau (Vic.) r. Mably. n. 2, d. Poissonnière.
Goussard (J.-Fr.) r. de Charenton, n. 60, Q.-V.
Gout (J.) r. de Bussy, n. 6 div. Unité.
Graillot (Jos.) r. Montorgueil, n. 58, B.-Cons.
Grandjean (Ferd.) r. Traverse, n. 19, d. Ouest.
Grandjean (J.-Alex.) r. de Lappe, n. 35, d. Pop.
Grandmarin (J.) r. des Trois Couronnes, n. 6.
Grandprez (Franç.) r. Macon, n. 12, Th.-Franç.
Gravier,

Gravier (Touss.) T. r. N^e.-Lepelletier, n. 5, Pel.
Grégoire (Ch.-L.) r. Traversine, n. 42, Panth.
Grele(L^s.-Et.) r. de la Tixeranderie, D. de l'Ho.
Grenet (Louis) faub. S.-Martin, n. 278, Bondi.
Grevin (L.-F.-Am.) r. S.-Nicaise, n. 18, Tuil.
Gricourt (P^{re}.-Fr.) r. du Bout-du-Monde, n. 14.
Grignon (Franç.) place Cambray, n. 6, d. Pant.
Grillon (Fr.-Nic.) r. de Sèves, n. 8, div. Ouest.
Grintel (J.) r. S.-Lazare, n. 8, d. Mont-Blanc.
Grosjean (J.-P^{re}.) r. de Sèves, n. 60, d. Ouest.
Gruel (P.-Fr.) faub. S.-Antoine, n. 83, Montr.
Guenand (J.) r. S.-Maure, n. 31, div. Temple.
Gueniflet (P^{re}.) faub. S.-Antoine, n. 113, Montr.
Gueniot (Ant.) faub. S.-Denis, n. 40, d. Poiss.
Guérin (J.) r. Coquenard, n. 60, d. F. Montmart.
Guérin (Guill.) r. S.-Dominique, n. 40, Gren.
Guérin (L.) r. du Bacq, n. 36, div. Grenelle.
Guichard (J.) T. port de la Rappée, Quinze-V.
Guichard (P^{re}.) r. S.-Dominique, n. 7, d. Gren.
Guillaume (Et.) r. d'Argenteuil, n. 22, B. des M.
Guillaume (Et.) r. Hauteville, n. 1, d. Poissonn.
Guillaume (Nic.) quai des Ormes, div. Fidélité.
Guilleminot (Fr.) r. S.-Martin, n. 242, Gravill.
Guilliey (Edme) r. des Arcis, div. Arcis.
Guillot T. r. des Capucines, n. 2, d. pl. Vendôm.
Guillon (P^{re}.-Mat.) r. des Alpes, n. 25, d. Tem.
Guyot (Touss.) r. Traversière, d. B. des Moul.

MARCHANDS EN GROS.

Gaillardon, r. S.-Guillaume, n. 5, d. Fraternité.
Galichon (ainé) r. des Fossés-S.-Bernard, n. 7.
Gauthier (L.-Fr.) quai de l'Egalité, d. Fratern.
Gauthier, r. des Fossés-S.-Bernard, n. 31, Pl.
Gérante (v^e.), quai de la Tournelle, n. 54, Pl.
Gerbeau, r. des Fossés-S.-Bernard, n. 37, Plant.

E

Gévillard, r. des Fossés-S.-Bernard, n. 31, Pl.
Godin (Ant.) r. de la Tournelle, n. 9, d. Plant.
Gourlot, r. des Fossés-S.-Bernard, n.31, Plant.
Guérin, r. des Fossés-S.-Bernard, n. 31, Plant.
Guerrier (v.) r. des Fossés-S.-Bernard. n. 43.
Guesnier (Fr.-Em.) r. de Jouy, div. Fidélité.
Guillanme (Nic.) quai du Nord, div. Fraternité.

COMMISSIONNAIRES.

Granger (L.-Grég.) quai de l'Union, n. 35, Fr.

H.

Habert (J.-L.-Fr.) r. Guénégaud, n. 24, Unité.
Habert (Alex.) r. des Boucheries, n. 25, d. Lux.
Hamelin (Jacq.-Jul.) r. S.-Martin, n. 8, Réun.
Hans (Et.) r. S.-Martin, n. 52, div. Réunion.
Hardivilliers (Hyp. Fr.) T. Boulev. du Temple.
Hardy (Ch.) r. des Vieux-Augustins, n. 41, Mail.
Hardy (Edme) r. Montmartre, n. 58, Cont. Soc.
Harrache (Jacq.-Ad.) r. de Grammont, n. 57.
Haro (Jacq.-Quir.) r. de Cléry, n. 46, B. Nouv.
Hassard (J. Bapt.) r. de l'Echiquier, n. 18, Pois.
Hatte (Pre.-F.) r. de l'Echiquier, n. 11, Poiss.
Hébert (Guill.) r. Blanche, n. 13, d. Mont.-Bl.
Hébert (Nic.) r. de la Jussienne, n. 2, Cont.-S.
Hébert (J.-Pre.) r. de la Vrillière, n. 10, H. Bl.
Hébert (L.-Phil.) place Dauphine, n. 12, P.-N.
Hédouin (Ant.) r. S.-Dominique, n. 75, Inval.
Hélouin (J.-B.) marché S.-Jean, n. 15, D. l'H.
Hénard (L.) place de l'Hôtel de Ville, d. Fidél.
Hennebert, r. de Grenelle, n. 78, d. Grenelle.
Hennequin (I.-Nic.) faub. S.-Denis, n. 128, N.
Hennequin (Nic.-Jul.) r. Censier, n. 45, Finist.
Henneton (Fr.) r. d'Enfer, n. 1, div. Thermes.

Hénon (J.-L.) r. Judas, n. 41, div. Panthéon.
Henry (Nic. Ben.) port de la Rappée, Quinze-V.
Henry (Paulin) r. Coquillière, n. 48, div. Mail.
Henriot (v".) r. des Vieilles Etuves, n. 6, H. Bl.
Héraut (J.-B.) r. du Petit-Pont, n. 9, d. Panth.
Herbinière (Fr.-Ch.) quai Bonaparte, n. 12, Inv.
Hérel (P".) faub. du Temple, n. 53, d. l'Ondi.
Hérouffle (v".) faub. S.-Antoine, n. 112, Q.-V.
Heute (Rob.) r. S".-Avoye, n. 27, d. Réunion.
Homps, dit Olivies (J.-F.) r. S.-Méry, n. 36.
Horieune (Mic.) quai de la Tournelle, n. 21, Pl.
Hormacée (v".) port de la Rappée, Quinze-V.
Hours (Ant.) r. Traversine, n. 16, d. Panthéon.
Houtignier (J.-F.) r. des Gravilliers, n. 45, Gr.
Housselot (v".) r. de la Mortellerie, d. Fidélité.
Huard (Pre.) r. du Temple, n. 71, div. Réuu.
Hubeaut (L. Cris.) T. passage des Jacobins, n. 3.
Hubert (J.-Nic.) T. r. Coquenard, n. 18, F.-M.
Hubert (Cl.) r. S.-Denis, n. 313, d. B.-Neuv.
Hubert (Pre.-Jos.) r. S.-Martin, n. 205, Am. P.
Hubert (J.) r. de Poitou, div. Homme-Armé.
Hubert (Heu.) r. de la Vannerie, div. Arcis.
Huet (J.-B.) r. Chapon, n. 25, div. Réunion.
Hudelot (Ant.) r. de la Loi, n. 96, d. Lepellet.
Hugard (Ant.) r. d'Aval, n. 16, div. Popincourt.
Hugot (Juste) r. N".-S.-Gilles, n. 9, d. Indivis.
Hugot (J.-B.) r. de Thionville, n. 28, div. Unité.
Huguin (Sim.) r. Frépillon, n. 16, div. Gravill.
Hulot (N.-Agan.) port de la Rappée, Quinze-V.
Huon (J.-F.) T. r. d'Argenteuil, n. 20, B. d. M.
Horissel (Remy-J.) r. S.-Dominique, n. 49, Gren.
Huttot (P".) r. S.-Honoré, n. 282, d. B. des M.
Huvé (Jacq.) faub. du Roule, n. 118, Ch.-Elys.
Hyomet (Jos.) r. de Charonne, n. 63, d. Popinc.
Hyvert (Et.) r. de Turenne, n. 49, d. Indivisib.

L *

COMMISSIONNAIRES.

Hesselin (Ch.) quai de la Tournelle , n. 25 , Pl.

FORAINS.

Henain, r. des Fossés-S.-Bernard , n. 15 , Plant.
Henault, r. des Juifs, n. 6, div. Droits-de-l'Ho.

I. J.

Imbaut (J.-J.) r. des Juifs, n. 28, d. D.-de-l'H.
Immer (And.-Fel.) T. r. Marceau, d. Tuileries.
Lambert (J.-B".)r. de Montreuil,n.321, Montr.
Jacobé (Cl.) r. S.-Jacques , n. 25, d. Panthéon.
Jacquin (J.-Be.) r. du Four, n. 68, div. Unité.
Jalliot (Th.-Ch) r. Quincampoix, n. 22. Lou.
Jallot (Cl.-Pre.) faub. S.-Denis, n. 49, Poisson.
Jallot (Ch.) r. du Petit-Carreau, n. 49, d. Brut.
Jallot (Ch.-Fs.) r. N".-S.-Augustin , d. Lepell.
Jallot (v".) r. de l'Egalité, n. 16, div. Luxemb.
Jallot (Et.) faub. S.-Jacques, n. 348, d. Observ.
Jallot (Alex.-Xav.) faub. S.-Jacq.. n. 309, Obs.
Jannin (Cl.) r. de la Montagne, n. 36, d. Pant.
Jaquasson (Cl.) r. du Petit-Bacq, n. 5, d. Ouest.
Jaqueline (Mic.) r. du Sépulchre, n. 44, Ouest.
Jaquet (J.-Dor.) r. S.-Louis, div. Fraternité.
Jaquinet (L.-Cl.) r. de la Montagne, n. 36, Pan.
Jardy (Jos.) r. S.-Sulpice, n. 12, div. Luxemb.
Jarlet (Ant.) r. de Bourgogne, n. 43, d. Ouest.
Jarney (And.-Joac.) r. Marceau, n. 25, d. Tuill.
Jarry (Ant.) T. r. S.-Dominique, G. Cail.,n. 14.
Jean (Ben) r. de l'Onrsine, n. 52 , d. Observat.
Jeanjean T. avenue du Ch de Mars, d. Invalid.
Jeanne (Bern.) boulev. du Temple, d. Temple.

Jeanson (Et.) r. du Lycée, d. Butte des Moul.
Jeanson, r. du Bacq, div. Grenelle.
Jeannon (v°.) r. de l'Université, n. 39. d. Gren.
Jentieut (F°.-Méry) r. de la Clef, n. 7. d. Finist.
Jérôme (Nic.) r. du Paon, n. 9, d. Théât.-Franç.
Jobert (Edme) quai des Ormes, div. Fidélité.
Jolliotte (Alexis) r. des Noyers, n. 18, d. Pant.
Jolly (Pre.-Den.) r. de la Sonnerie, n. 1, Mus.
Jolly (Fs.) r. de la Marche, n. 1, d. Hom.-Arm.
Jolly (Ls.) r. de la Harpe, n. 70, d. Th.-Franç.
Jolly (J.) faub. S.-Jacques. n. 229. d. Observat.
Jolly (v°.) r. de Seine, n. 5, div. Plantes.
Josselin (Nic.-Ans.) T. r. S.-Thomas-du-Louv.,
  n. 24, div. Tuileries.
Josset (v°.) r. du Vert-Bois, n. 28, d. Gravill.
Josset (Fs.) r. de Turenne, n. 17, d. Indivisib.
Jouannet (Pre.) T. quai de la Tournelle, n. 17.
Jouan (v°.) r. de la Harpe, n. 15. div. Thermes.
Joudrier (Pre.) r. des 2 Ponts, div. Fraternité.
Joudrier (Pre.-Nic.) r. Moufretard. n. 291, Fin.
Jourdain (L.-Ch) r. des Vieill.-Tuileries, n. 32.
Jourdain (L.-Nic.) r. de Sèvres, n. 57, d. Ouest.
Jousset (Jacq.) r. S.-Jacques, n. 270, d. Observ.
Joyaut (Pre.-Ant.) r. S.-Georges, n. 27, M.-Bl.
Judas (Et.-Fs.) r. des Barrés, n. 12, d. Arsenal.
Julien (Jacq.) r. des Gravilliers, n. 13. Gravill.
Julien (Amat.) r. S.-Dominique, n. 101, Inval.
Juliet (Noël) r. Culture-S.-Catherine, n. 6. Ind.

MARCHANDS EN GROS.

Jolly, quai de l'Union, n. 11, div. Fraternité.
Jouron, r. Bertin-Poirée, n. 11, div. Muséum.

COMMISSSIONNAIRES.

Jérôme (J.-B.-Jos.) quai de la Tournelle, n. 11.

Juilliard, halle au Vin.

K.

Kormann (Mic.) r. du Ponceau, n. 22, A. Patr.

L

Laborde (Pʳᵉ.) r. Mêlé, n. 53, div. Gravilliers.
Labrosse (J.-L.) marc. Stᵉ.-Catherine, n. 3, Ind.
Lacage (Fr.) r. Charenton, n. 14, d. Quinze-V.
Lacaille (Crist.) r. de la Tournelle, div. Pant.
Lacomme J.) r. de la Réunion, n. 40, d. Réu.
Lacour (J.) r. Mazarine, n. 57, div. Unité.
Lacroix (Jos.-Nicolas) r. de la Cossonnerie,
    n. 20, div. Marchés.
Lacroix (Philib.) r. de la Harpe, n. 45, d. Ther.
Lafilé (Nic.) r. Aumaire, n. 21, d. Gravilliers.
Lagneau (Claude-Franç.) r. de la Chanvrerie,
    n. 4, div. Bon-Conseil.
Lagniel (Tho.) r. de Grenelle (Gros-Caillou),
    n. 2, div. Invalides.
Lahure (J.-Nic.-Den.) port de la Rappée, Q.-V.
Laigle (Abel-J.) r. des Quatre Fils, n. 14, H.-A.
Lainé (J.-Pʳᵉ.) r. S.-Germain-l'Auxerrois,
    n. 67, div. Muséum.
Lainé (Ch.-F.) r. Mouffetard, n. 274, d. Finis.
Lamarche (Cris.) f. r. S.-Lazare, n. 28, M.-B.
Lamare (Mart.) r. Traversière, n. 44, Quinze-V.
Lambert (Pʳᵉ.) r. Grange-Batellière, n. 15.
Lambert (J.) r. Traversière, n. 6, Butte-d.-M.
Lambert (Cl.) f. Poissonnière, n. 20, d. Poisson.
Lambert (Cl.) f. du Temple, n. 97, d. Bondi.
Lambert (Vinc.) r. des Boucheries, d. Luxemb.
Lambert (L.-Théod.) r. des Marmouzets, n. 3.

Lambert, r. Frépillon, n. 24, div. Gravillers.
Lambert (Aug.) cloît. des Bernardins, n. 12, Pl.
Lambriquet (Jacq.-Marie) T. r. Greneta, n. 3.
Lamy (J.-B".) r. des Fos.-S.-Germain-des-
    Prés, n. 29, div. Théâtre-Français.
Lamy (Ch.) r. Mouffetard, n. 218, d. Finistère.
Lancret (J.-L.) r. S.-Denis, n. 274, A.-de-la P.
Landré (Et.) r. des Deux-Écus, n. 4. Cont.-S.
Langin (Louis) r. de Loi, n. 64, d. Lepelletier.
Langlois (Germ.) r. des Capucines, n. 188, pl. V.
Languereau (J.) petits Pilliers des Halles,
    n. 93, div. Bon-Conseil.
Lanson (Sim.-L.) r. du Mail, n. 34, div. Mail.
Lanteigne (P".-J.) r. S.-Denis, n. 540.
Lanty (Et.) T. r. S.-Antoine, div. Fidélité.
Laperriere (Jacq.) r. des Récollets, n. 2, Bondi.
Lapile (Hyp.) r. Charenton, n. 158, Quinze-V.
Laporte (Zach.) r. d'Arcole, Butte-des-Moul.
Laporte (Et.) r. de Sèvres, n. 47, d. Ouest.
Lapoule (P".) r. Bellechasse, n. 26, d. Gren.
Larcher (Guil.) r. de Sèvres, n. 76, d. Ouest.
Larchevêque (L.-Franç.) r. Basse du Rempart,
    n. 345, place Vendôme.
Largillière (Alex.) r. Contrescarpe, n. 5, Plant.
Laroche (Cl.-J.) r. S.-Sébastien, n. 3, Popinc.
Laroue (J.) r. Copeau, n. 24, d. Plantes.
Larousse (L.) de Sèvres, n. 145, div. Ouest.
Lasnier (J.-Claude) r. des Petits-Champs,
    n. 27, Butte-des-Moulins.
Latenant (And.) r. Taranne, n. 17, d. Unité.
Latuille (J.-Marie) quai de Chaillot, d. Ch.-Ely.
Latuille (P".) f. S.-Martin, n. 222, d. Bondi.
Launoy (v".) T. r. des Moneaux, n. 59, B.-d.-M.
Laurent (Et.) r. Traînée, n. 15, d. Cont.-Soc.
Lavacret (Mll".) place du Chevallier du Guet,
    n. 1, div. Muséum.

Lavarde-Renobert, r. Montmartre, n. 131, Mail.
Lavertu (J.-Alex.) r. Montmartre, n. 51, Nord.
Laveur, quai S.-Paul, div. Arsenal.
Lavigne (P.re) r. Mouffetard, n. 169, d. Finis.
Laville (Marc) r. Mondétour, n. 14, d. Bon-C.
Lebègue (J.-B.) r. du Petit-Bac, n. 73, Ouest.
Leblanc (Cl.) quai de la Tournelle, n. 47, Plant.
Lebreton (Louis) r. Mouffetard, n. 124, d. Obs.
Lebrun (Franç.-Hon.) quai des Ormes, d. Ars.
Leboucher (J.-César) T. r. des Martyrs, n. 22.
Lecerf (Théod.) r. S.-Lazare, n. 84, d. Roule.
Lechevreuil (P.re) r. de Varenne, n. 46, d. Inv.
Leclerc (Amable) r. S.-Honoré, n. 240, B.-d.-M.
Leclerc (Laurent) T. r. d'Argenteuil, n. 15.
Leclerc (Anne) r. de l'Echiquier, n. 7, d. Pois.
Leclerc (L.) r. S.-Denis, n. 314, d. A.-de-le-P.
Leclerc (Edme) pl. Maubert, n. 46, d. Panthéon.
Lecomte (Léon.) T. r. Montmartre, n. 56, Brut.
Lecomte (J.) r. de la Chanvrerie, n. 23, March.
Lecomte (Aug.) r. Quincampoix, n. 42, Lomb.
Lecomte (v.e) quai de la Tournelle, n. 27, Plant.
Lecœur (Mich.) r. S.-Denis, n. 6, d. Poissonn.
Lecoq (And.) r. S.-Paul, n. 24, d. Arsenal.
Lecourcenois (Den.) r. des Trois-Couronnes,
   n. 7, div. Finistère.
Ledrapier r. de la Mortellerie, div. Fidélité.
Ledouble (Nic.) r. S.-Jacq.-la-Boucherie, Arcis.
Ledoux (Den.) quai S.-Bernard, n. 47, d. Plant.
Ledoux (Alexandre) r. S.-Bon, div. Arcis.
Leduc (Nic.-Franç.) port de la Rappée, d. Q.-V.
Lefavret (Franç.) r. S.-Denis, n. 18, d. Poiss.
Lefebure, r. des Gr.-Augustins, n. 5, d. Th.-Fr.
Lefevre (J.-Jos.) r. S.-Honoré, n. 49, Ch.-Ely.
Lefevre (v.e) r. N. des-Mathurins, n. 34, p. Ven.
Lefevre (v.e) gr. r. de Chaillot, d. Ch.-Elylées.
Lefevre (Louis) r. S.-Martin, n. 260, d. Grav.

Lefevre (L.) r. de la Tixeranderie, n. 8, d. Arcis.
Lefevre (Michel) r. de la Parcheminerie, n. 25.
Lefevre (N.-Et.) r. du Cœur-Volant, n. 6, Lux.
Lefevre (Jér.) f. S.-Antoine, n. 100, Quinz-V.
Lefevre (J.-Fr.) r. de Bercy, d. Quinze-Vingts.
Lefevre (Cl.-N.) r. d. Deux-Ecus, n. 14, H. au B.
Lefevre (Mart.) r. Montmartre, n. 26, d. C.-Soc.
Lefevre (Th.-Franç.) r. Hauteville, n. 4, d. Pois.
Lefort (Louis) r. Pot de Fer, n. 12, d. Luxem.
Lefortier (Nic.) r. S.-Jacques, n. 163, d. Obs.
Lefranc (Pre.-Jacq.) r. S.-Martin, n. 114, Réun.
Legendre (Aug.) f. S.-Denis, n. 12, d. Poisson.
Léger (P.-Basile) r. aux Ours, n. 25, d. Lomb.
Léger (Edme-Thimoté) r. de la Vieille-Mon-
    naie, n. 2, div. Lombards.
Léger (Louis) place du Châtelet, div. Arcis.
Léger (Lamb.) f. S.-Antoine, n. 221, d. Montr.
Léger (Aug.) r. Cassette, n. 19, d. Luxemb.
Legot (J.) r. de la Cordonnerie, n. 26, d. March.
Legoupil (Pre.) r. de Grenelle, n. 4, d. Unité.
Legriel (Victor) r. S.-Germain-l'Auxerrois,
    n. 87, div. Muséum.
Legros (Jos.) T. r. du Bac, n. 73, div. Ouest.
Leherle (Martin) r. de la Montagne, n. 58, Pant.
Lehodey (P.-Et.) march. S.-Martin, n. 295, Gra.
Lehule (Ant.) T. allée des Veuves, d. Ch.-Elys.
Lelong (Pre.-Thed.) T. r. de la Jouaillerie,
    n. 2, div. Muséum.
Lemaire (J.-B.) r. d'Amboise, div. Pelletier.
Lemaire-Olivier (Jean Franç.) r. S.-Martin,
    n. 101, div. Lombards.
Lemaire (Jacq.-Albert) r. du Vieux-Colombier,
    n. 18, div. Luxembourg.
Lemaître (J.-Sim.) r. Lenoir, d. Quinze-Vingts.
Lemesle (J.-B.) r. de la Vannerie, div. Arcis.
Lemoigne (J.-F.-Henri) quai des Ormes, Fidel.

Lemoine (J.-B".) f. S.-Martin, n. 189, d. Nord.
Lenfant (Ch.-Aug.) r. de la Vanuerie, n. 17, Cité.
Lens (P.-Paul) r. S.-André-des-Arts , n. 54.
Leotté (Phi.-Hugues) port de la Rappée , Q.-V.
Lepage (Louis-Charles) petite r. S.-Sauveur ,
   n. 4 , div. Bonne-Nouvelle.
Lepage (Franç.) r. du Marché-Neuf, n. 10, Cité.
Lepage , r. d'Arras , n. 20 , div. Panthéon.
Lepaire (Gaspard) T. r. S.-Antoine, n. 295, Ars.
Lépinay , T. port de la Rappée , d. Quinze-V.
Lequeux (Hen.) r. N.-D.-Nazareth , n. 4, Grav.
Lerat (Armand) r. de Turenne , n. 74 , d. Ind.
Leriche (Louis) r. des Fos.-M.-le-Prince , n. 3
Lerouge (Mlle.) quai de la Grève , d. Fidélité.
Leroux (Nic.) r. de Thionville , n. 21, Th.-Fr.
Leroux (J.-Sim.) r. du Jour, n. 5, d. Cont.-Soc.
Leroy (Ant.-Marie) r. du Lycée , Butte-des-M.
Leroy (Cl.-Ant.) r. Rousselet , n. 1 , d. Ouest.
Leroy , r. Contrescarpe, n. 3, d. Théât.-Franç.
Lesage (Tho.) r. Pastourelle , n. 48 , d. H.-Ar.
Lesage , r. S.-Antoine , n. 105 , d. Indivisib.
Lesclopé (Pr.-J.-Marc) r. S.-Martin , n. 295.
Lesottier (Louis) r. de la Clef, n. 53 , d. Plant.
Lesueur (Mart.) r. Gr.-Truanderie, n. 24 Bon-C.
Lesueur (Louis) r. du Cimetière-S.-Nicolas ,
   n. 2 , div. Gravilliers.
Letellier (Jos.) P. r. Batave , div. Tuileries.
Letondeur (J.-Fr.) r. de Sèvres , n. 88, Ouest.
Levacheux (J.-Amb.) r. de Reuilly, n. 48, Q.-V.
Levallois (Louis) r. S.-Antoine , d. Fidélité.
Levasseur (Louis) r. des Deux-Boules , n. 1, M.
Levasseur (Jean-Baptiste) passage des Jacobins ,
   n. 1 , div. Butte-des-Moulins.
Léveillé (J.-Cl.) r. de la Harpe , n. 113, Therm.
Lévêque , r. aux Ours , n. 47 , div. Lombards.
Lévole (Michel) enclos du Temple, n. 22, Tem.

(59)

Lévrat (Pr°.-Sim.) f. S.-Martin , n. 83 , d. Nord.
Levrat (J.-Cl.) vieille r. du Temple, n. 178, T.
Lhernault (Nic.) T. r. du Bouloy, n. 21, H. au B.
Lheurin (Louis-Anastaze) r. Notre-Dame-des-
    Champs , n. 3 , div. Luxembourg.
Lhullier (Nic.-Edme) r. Poissonnière , n. 16.
Libert (Gille) T. r. Favard , div. Pelletier.
Libert (J.) r. de la Cérisay , div. Arsenal.
Locard (Jacq.) r. Dufour , n. 49 , d. Luxemb.
Locheron (Armand-Const.nt) r. des Vieux-
    Augustins , n. 55 , div. du Mail.
Logette (Pr°.-Den.) r. S.-Martin , n. 181.
Loiselle (Ant.) f. S.-Honoré , n. 96 , Ch.-Ely.
Lombard (Nic.-Franç.) f. Poissonnière , n. 43.
Lorain (Franç.) r. S.-Severin , n. 24 , d. Ther.
Lorette (J.-Jacq.) r. d'Argenteuil, n. 1. B.-d.-M.
Loron (J.) r. des Gravilliers , n. 18 , d. Gravil.
Lotte (Jos.) r. J.-J.-Rousseau , n. 16 , Contr.-S.
Loubet (J.-Fr.) r. de Turenne, n. 65, d. Indiv.
Louis (Ant.) r. des Boucheries , n. 63 , d. Lux.
Loulié (Geor.-A.) r. S.-Martin, n. 78, d. Réun.
Lovery (Franç.-Jos.) r. Charonne, n. 72. Montr.
Lucet (Pr°.-F.) r. du Mont-Blanc, n. 2, p. Vend.
Luisette (Louis) r. Pavée, n. 10, d. Th.-Franç.

MARCHANDS EN GROS.

Labare , r. des Fos.-S.-Bernard , n. 31, d. Plant.
Lalond , quai de la Tournelle , n. 21, d. Plant.
Lazardeux r. S.-Louis , n. 71 , div. Fraternité.
Lebas , aîné, quai de la Tournelle , n. 11, Plant.
Leclerc (frères) quai de l'Union , n. 3 , d. Frat.
Leroy , quai S.-Bernard , n. 45 , d. Plantes.
Louvrier , r. S.-Antoine, div. Fidélité.

COMMISSIONNAIRES.

Lahire , quai de la Tournelle , n. 21 , d. Plant.

Landré (Mll*.) r. des Fos.-S.-Bernard, n. 5, Pl.

FORAINS.

Lebas, jeune, quai de la Tournelle, n. 15, Pl.
Lemoine, aîné, r. S.-Guillaume, n. 4, Frater.
Liébault, r. S.-Louis, n. 19, d. Fraternité.

M.

Macel (J.) r. N.-D.-des-Victoires, n. 9, d. Mail.
Maché (J.-L.) faub. S.-Martin, n. 173, d. Nord.
Machen (Ch.) r. du Four, n. 1, div. Luxemb.
Magin-Chiou, r. S.-Denis, n. 176, d. Lombards.
Magnier (J.-Ch.-Marie) r. Beauregard, n. 12.
Magnier (J.-B.) r. S.-Dominique, n. 25. d. Inv.
Magny, r. S.-Denis, n. 176, div. Lombards.
Magny (J.-B.) r. Macon, n. 18, d. Théâ.-Franç.
Magré (Jos.) r. Crenéta, n. 33, d. A. de la Patr.
Mahuet (Cl.) r. S.-Victor, n. 70, div. Plantes.
Maigrot (Cl.) r. Quincampoix, n. 69, d. Lomb.
Maillard (J.) Petit Pilier des Halles, n. 99, B.-C.
Maillard, r. d'Enfer, n. 40, div. Observatoire.
Maillefer (L.-Evp) T. r. Froidmenteau, n 19.
Maillot (L.) r. de Provence, n. 4, d. Mont-Bl.
Mailly (Fr.-Marie) r. du Bacq, n. 50, d. Gren.
Mailly (J.) r. de Seine, n. 13, div. Unité.
Main (Fr.) r. Grenier-S.-Lazare, n. 23, d. Réu.
Main, à l'État-Major, r. des Capucines, Pl. Ven.
Mainfer (v°.) r. de la Mortellerie, div. Fidélité.
Malherbe (Th.) r. de Vaugirard, n 2, d. T.-Fr.
Malisisieux (P^re.) r. de la Savonnerie. n. 19, Lom.
Malivoire (Den.-J.-B.) r. Galande, n. 19 d. Pan.
Mallet (Nic.-Fr.) r. aux Ours, n. 18, A. de la Pat.
Malvalle (Et.) T. boulev. l'Hôpital, n. 26, Fin.
Mauchion,

Manchion (Jos) faub S.-Martin, n. 23, d Nord.
Manoury (Cl.) place de l'Hôtel de Ville, n, 3.
Mansion (Ant.) r. Montmartre, n. 127, d. Mail.
Mansot (Jacq.) cloître des Bernardins, n. 10.
Manteau (L.) r. S.-Antoine, n. 217, d Indivis.
Manuel (Ant.) faub. S.-Martin, 238, d. Bondi.
Marandel (J.-B.) faub Montmartre, n. 17, M.-B.
Marange (J.-B.) r. Française, n. 10, d. B.-Cons.
Marchais (And.-D.) r. Helvétius, n. 12, B. d M.
Marchais (J.-G.) r. S.-Antoine, n. 5. Dr. de l'H.
Marchais (Louis-Charles) r. Ste.-Marguerite,
  n. 42, div. Unité.
Marchand (J.-Bte.) r. S.-Thomas-du-Louvre,
  n. 34, div. Tuileries.
Marchand (Bapt.) T. r. Ne.-S.-Augustin, Lep.
Marchand (André-Mich.) T. faub. du Temple,
  n. 50, div. Temple.
Marchand (Jacq.-Fr.) r. Bourg-l'Abbé, n. 31.
Marchand (J.-B.-Leu) r. Ne.-N.-Dame, d. Cité.
Maréchal (J.) r. Philippeau, n. 1, d. Gravilliers.
Marfondé (L.) r. Grange-Batelière, n 5, M.-Bl.
Marguier (Rob.) 1. Ne.-des-Mathurins, Pl. Ven.
Marmignat (Pre.-Jos.) r. de la Tournelle, n. 10.
Maroutot (J.-Ch) quai S.-Bernard, n.69, Plant.
Marse (L.) r. de la Harpe, n. 67, div. Thermes.
Mars (Franç.) r. Greneta, n. 20, d. A de la Pat.
Martel (Brice) r. de la Madeleine, d. Pl. Vend.
Martinaud (Pre. r. de Bondi, n. 22. div. Bondi.
Martinet (Jacq) r. de la Vieille-Monnaie, n. 14.
Martin (Ant.) r. Traversière, n. 33, J B d. M.
Martin (ve.) T. r. S -Jacques-de-la-Boucherie,
  n. 46, div. Lombards.
Martin (J.-Pre) r. de la Cerisay, div. Arsenal.
Martin (Jos.) r. du Bacq, n. 53, div. Grenelle.
Martin (Fr.) r. de la Barillerie, n. 2, d. Pont-N.
Martin (Ch.) r. S.-André-des-Arts, n. 38, Th.-Fr.

F

Marville (L.-Ant.) T. r. N^e.-S.-Augustin, Lepel.
Masle (J.-L.) r. S.-Honoré, n. 17, d. Pl. Vend.
Masquillier (L.-Ant.) faub. du Roule, n. 91.
Masson (Pr^e.) r. S.-Leufroy, n. 5, d. Muséum.
Masson (Cl.) r. de Thioville, n. 12, div. Unité.
Mathé (Cl.) r. de la Mortellerie, div. Fidélité.
Mathieu (Alexis) r. S.-Martin, n. 227, A. de la P.
Mathieu (J.) r. de Bretague, n. 45, Hom.-Arm.
Maubeuge (L.) r. S.-Martin, n. 179, A. de la P.
Maugé (J.-Phil.) r. des Marmousets, n. 35, Cité.
Maugé (Ch.-Fr.) r. S.-Honoré, n. 113, G.-Fr.
Mauny (J.-L.) place Dauphine, n. 4, Pont-Neuf.
Maupas. r. du faub. S.-Martin, div. Bondi.
Maupas (J.-Fr.) r. S.-Denis, n. 398, A. de la P.
Maure (J.) r. Croix-des-Petits-Champs, n. 16.
Maurisset (P^{re}.-J.-B.) faub. S.-Honoré, n. 65.
Maye (Ant.) r. de Turenne, n. 1, d. Indivisib.
Mayeux (Guillot) r. de l'Université, n. 21, Gren.
Melon (Cl.) faub. du Temple, n. 69, div. Bondi.
Melonset (Ant.) r. Moufletard, n. 52, div. Obs.
Menil (Fr.-J.) r. S.-Antoine, n. 293, d. Montr.
Mercier (L.) T. r. du Bacq, n. 50, div. Grenelle.
Mercou (Ant.) r. de Bondi. n. 62, div. Bondi.
Mercy (Edme) r. Férou, n. 7, div. Luxembourg.
Meriot (Ch.) port de la Rappée, d. Quinze-V.
Merlin (J.-Alex.) r. des Lavandières, n. 4, Mus.
Mersin (J.-Ant.) r. de Bretague, n. 21, H.-Ar.
Messager (Nic.) r. de l'Arbre-Sec, n. 44, G.-Fr.
Messager (J.-Nic.) quai de l'Ecole, n. 34, Mus.
Messein (Mic.) r. Forais, n. 8, div. Temple.
Métrejean (Noël) r. Thibautadée, n. 4, d. Mus.
Meusnier (Rol.) r. des Saussayes, div. Roule.
Meusnier (Fr.) r. de Montreuil, n. 41, d. Montr.
Meusnier (Franç.) r. S.-André-des Arts, n. 38.
Mézières (Christ.) r. S.-Méry, n. 12, div. Réun.
Miannay (Fr.-Benj.) boulev. Pont aux-Choux,

Miaunay (Fr.) r. Amelot, n. 2, d. Popincourt.
Micaud (Nic.) r. Traversière, n. 4, d. B. des M.
Michaud (Edme-Bern.) r. de la Monnaie, n. 18.
Michel (J.-Mart.) faub. S.-Denis, n. 87, Poiss.
Michel (Cl.) r. des Vieilles-Etuves, n. 10, Réun.
Michel (Jacq.) T. r. des Fossés de la Bastille, Ars.
Michel (J.) r. S.-Claude, n. 16, div. Indivisibil.
Micque (Jacq.) r. des Précheurs, n. 37, d. Marc.
Miguard (J.) r. S.-Germain-l'Auxerrois, n. 14.
Mignon (L.) T. Grande rue de Chaillot, Ch.-El.
Mignot (L.) r. de Louvois, div. Pelletier.
Millan (J.) r. des Saussayes, div. Roule.
Millan (J.-Ang.-Et.) r. de Surêne, div. Roule.
Millon (Laurent) cloître Ste.-Opportune, n. 5.
Millon (J.) r. Coquillière, n. 36, d. halle an Bl.
Millon (Jecq.) r. du Four, n. 9, div. Luxemb.
Miniot, r. de l'Egalité, n. 4, div. Luxembourg.
Minot (Fr.) r. S.-Jacques-la-Boucherie, n. 42.
Missilier (ve.) faub. S.-Honoré, n. 44, d. Roule.
Mognard (Ant.) place Baudoyer, div. Fidélité.
Mognard (Nic.) r. du Four, n. 60, div. Unité.
Molliex (J.Pre.) r. S.-Roch, n. 4, d. B. des M.
Molliex (Cl.-Ant.) r. de la Fromagerie, n. 9.
Mollion (Pre.-Cl.) r. de la Mortellerie, d. Fid.
Mongis (Fr.) r. du Sépulchre, n. 32, div. Unité.
Monroy (Pre.-Ch.) T. quai Bonaparte, n. 15.
Montalant (Phil.) r. de Miroménil, div. Roule.
Montaudon (Pre.) r. de la Vieille Place aux
  Veaux, div. Arcis.
Montel (Jacq.-An.) r. des Marmouzets, d. Cité.
Montel (Pre.) r. de la Montagne, n. 3, d. Pant.
Montier (Am.-Felix) r. S.-Martin, passage de
  l'Ancre, div. Amis de la Patrie.
Montpetit (Fr.) r. Ne.-Ste.-Geneviève, n. 7, Obs.
Montret (L.-Alex.) r. des Arcis, div. Arcis.
Morain (L.-Nic.-M.) marc. S.-Jean, Dr. de l'H.

F *

Mordelet (Réné) faub. S.-Ant., n. 197, Montr.
Moreau (J.-B".) r. Lenoire, div. Quinze Vingts.
Moreau (Cl.) r. du Théâtre-Français, Th.-Fr.
Morel (Geor.) faub. Montmartre, n. 32, F.-M.
Morel (Ant.) faub. S.-Martin, n. 268 div. Bondi.
Morel (Thod.-Hon.) faub. S.-Antoine, n. 146.
Morel (Aug.) r. St-Jacques, n. 142, div. Therm.
Moreu (J.-L.) r. de Bondi, n. 9, div. Bondi.
Moret (Ch.-Nic.) faub. S. Antoine, d. Quinze-V.
Morin (Jacq.-Guill.) r. du Lycée, d. B. des M.
Morin (Cl.) r. d'Angoulême, div. Te pie.
Morin (Al.-Hen.) r. de la Roquette, n. 21, Pop.
Morin (J.-P".) quai du Nord n. 13, d. Fratern.
Morisot (Dom.) r. S.-Denis, n. 327, div. B.-N.
Morisot (Hen.) quai des Célestins, n. 10, Arsen.
M risot (J.-B".) r. du Jardin des Plantes, n. 163.
Mornand (J.-Marie r. d'Argenteuil, n. 5, B.d.M.
Mousmann (v".) r. de la Roquette, n. 2, d. Pop.
Mousseux (Jean) T. r. des Francs-Bourgeois,
   n. 66, div. Théâtre-Français.
Mulin (v".) r. des Ciseaux, n. 2, div. Unité.
Musmeau, r. S.-Marc, div. Pelletier.
Mussard (P".) T. allée d'Antin, div. Ch.-Elys.
Mussy (P".-P.) Abbaye S.-Germain, d. Unité.

EN GROS.

Meunier (Marie-L.-Hon.) r. S.-Louis, d. Frat.
Mezien (L.) quai de la Tournel e, n. 29, Plant.
Michaud, halle au Vin, div. Plantes.
Montout (Jacq.) quai S.-Bernard, n. 69, Plant.

COMMISSIONNAIRES.

Montagne (Elme-Athan.) quai de la Tournelle,
   n. 55, div. Plantes.

FORAINS.

Mathon (Aimé) quai de l'Egalité, n. 10, d. Frat.

N.

Nadanne (Jos.) r. Maubué, n. 18, d. Reunion.
Nancey (J.-Fr.) r. du Monceau-S.-Gervais, Fid.
Nauclusse (Ch.) r. S.-Jacques, n. 62, d. Therm.
Naud (Eug.) r. Montmartre, n. 42, d. Contr.-S.
Nandet (Jos.) faub. S.-Honoré, n. 71, Ch.-Elys.
Naudin (Fr.) r. de Sèves, n. 59, div. Ouest.
Nicolas (Ch.) faub. Montmartre, n. 51, d. M.-B.
Nicolas (v".) r. des Boucheries, n. 13, B. des M.
Nicolas (Jér.) r. de la Juiverie, n. 29, div. Cité.
Nicolas, r. du Martois, div. Fidélité.
Nicole (Mat.) r. S.-Germain-l'Auxerrois. n. 81.
Nicole (Mart.-Aug.) r. de la Barillerie, d. Cité.
Nicole, r. S.-Dominique, div. Grenelle.
Nicole (J.-L.) r. des Cauettes, n. 34, div. Lux.
Noirot (Nic.) couvent des Filles S.-Thomas, Pel.
Nonnon (Hen.) r. de Grenelle, n. 142, d. Inv.
Normand (Bl.) r. des Ecrivais, n. 14, d. Lomb.
Nourry (Th.) r. du Mont-Blanc, n. 6, d. M.-Bl.

EN GROS.

Nonlo, r. des Fossés-S.-Bernard, n. 16, d. Plant.

O

Olive (P.re) r. des Grands-Augustins, n. 12.
Olivier (voyez Hamps.)
Ollonde (Jacp.) faub. S.-Martin, n. 172, Bondi.
Quraël (Remy-Fr.-Jos.) r. Ste.-Avoye, n. 59.

Osmont (Noël) r. des SS.-Pères, n. 69, d. Gren.
Osmont (J.-B*.) r. S.-Victor, n. 174, d. Plantes.
Oudin (Jos*-L.) r. du Champ-Fleury, n. 15, G.-F.
Cudin (Fr) r. de la Mortellerie, div. Fidélité.
Ourcel (Nic.) r. l'Evêque , n. 20 , d. B. des M.
Ozanne (Louis) r. de la Vannerie, div. Arcis.

P

Pain (J.-Pr*.) r. S.-Eloy, n. 3 , div. Cité.
Palnot (J.-B".) T. r. Neuve-des-Petits-Champs,
Paltenot (Jean-Baptiste) r. de la Sourdière ,
    n. 4 , div. Butte-des-Moulins.
Paltot (ve.) f. du Roule , n. 184 , d. Roule.
Pance (J.-Hen.) T. quai des Célestins, n. 1, Ars.
Papillion (J.-B".) r. des Postes, n. 1, d. Observ.
Paquier (Pr".-Léon) r. d'Orléans, n. 30, d. Finis.
Pardy (J.-Pr".) pl. S.-Michel, n. 2, Th.-Franç.
Parent , aîné, r. S.-Jacques, n. 78, d. Therm.
Parent (Michel) f. S.-Martin , n. 40 , d. Bondi.
Parigoux (J.-B".) r. de Bondi, n. 3, div. Bondi.
Parisot (J.-B".) boulv. S.-Antoine , n. 3 , Indiv.
Paté (J.-B".) r. S.-Antoine, n. 29, d. Dr.-de l'H.
Pateran (F.-Aug.) r. de la Juiverie, n. 16 , Cité.
Patey (v".) r. Charretière , n. 5 , d. Panthéon.
Pathiot (Cl.) r. de la V.-Draperie, n. 3, d. Cité.
Pathiot (Edme-Nic.) r. des Fos.-M.-le-Prince,
    n. 9, div. Théâtre-Français.
Patricet (J.-B".) r. S.-Thomas-du-Louvre , n. 8.
Poulain (Cl.) boulv. S.-Antoine, n. 51, d. Ind.
Pavy (Séb.) f. du Temple , n. 15 , div. Bondi.
Paysan (Franç) r. S.-Martin, n. 2, d. Réunion.
Perquet (Ant.-F.) quai de la Grève , d. Fidélité.
Pelé (J.-J.) r. de l'Echarpe, n. 2 , d. Indivisib.
Pellerin (J.) r. de Vaugirard , n. 26, d. Luxemb.

Pellier (Marie-Fr.) r. de Grenelle, n. 93, Ouest.
Pelouël (Germ.-Sulp.) r. des Deux-Écus, n. 22.
Penan (Franç.) marc. S.-Jean, n. 4, Dr.-de-l'H.
Peny (Pr".) r. S.-Victor, n. 26. d. Panthéon.
Peône (J.) r. de Caumartin, n. 1, d. pl. Vend.
Perardel (Pierre) r. S.-Germain-l'Auxerrais,
  n. 43, div. Muséum.
Perdricet (J.) r. de Langlade, n. 2, d. B.-d.-M.
Perducet (Nic.) r. des Sept-Voies, n. 1, d. Pl.
Périgaut (Jacq.) r. de la Sonnerie, n. 4, Musé.
Perlot (Simon) r. S.-Antoine, n. 209, d. Indiv.
Pernet (Ben.) r. de l'Oseille, n. 2, d. Indivis.
Perrier (Jos.) r. S.-Dominique, n. 22, d. Inval.
Perrin (Germ.) T. r. des Marmouzets, n. 54, Cité.
Perrin (Jos) r. N.-des-Mathurins, d. pl. Vend.
Perrot (Pierre) r. S.-Honoré, n. 58, d. H. aux B.
Perrot (Pr".) r S.-Antoine, n. 129, d. Indivis.
Perrot (J.) r. S.-Antoine, n. 263, d. Arsenal.
Perrot (Guil.) pl. Maubert, n. 41, d. Panthéon.
Peru (Pr°.-Ganb.) r. de l'Échiquier, n. 37.
Pessigneur (J.) f. Montmartre, n. 44, f. Mont.
Petit (J.-Fr.) r. de la Tabletterie, n. 11, March.
Petit (Pr°. L) r. Coquillière, n. 28, d. Cont-S.
Petit (Marc-Adr.) r. Michel-Lepelletier, n. 8.
Petitpas (Appollinaire-P.) r. Joubert, pl. Vend.
Peuche (J.) r. Aubry-Boucher, n. 31, d. Lomb.
Peuquet (Fr.) r. de l'Université, n. 50. d. Gren.
Philippe (Et.) r. Montorgueil, n. 86, d. Bon-C.
Pibouin (Geor.) r. S.-Victor, n. 48, d. Plantes.
Picard (Pr°.) r. de la Haumery, n. 15, Lomb.
Picard (Pr".) f. Montmartre, n. 1, d. f. Mont.
Pichand (Pr".-Germ.) r. Montmartre, n. 159.
Pichery (Michel-Etienne) r. de l'Arbre-Sec,
  n. 52, div. Gardes-Françaises.
Pichon (Gilles) r. des Mauvaises-Paroles,
  n. 1, div. Gardes-Françaises.

Pierre (Louis) r. des Bourdonnais, n. 1, Gard.-F.
Piette (Geor.) r. Charonne, n. 19, d. Popinc.
Piette (Marie-L.) r. du Bac, n. 5, d. Grenelle.
Piette (J.-B.) r. des Cinq-Diamans, n. 25, Lom.
Piette (J.) r. Aubry-Boucher, d. Lombards.
Pin (Jean) r. de la Verrerie, n. 26, Dr.-de-l'H.
Pingot (J.-B.) r. du Helder, n. 7, d. Mont-Bl.
Pinois (Ambr.) r. S.-Antoine, n. 166, d. Indv.
Pinsard (Jacq.) r. de la Monteilerie, d. Fidélité.
Piochot (J.-Pr.) r. des Barres, div. Fidélité.
Pionnier (J.-B.-Pr.) r. St.-Foix, n. 10, B.-N.
Pion (Jos.) r. des Deux-Portes, n. 4, Bon-C.
Piot (J.-B. r. Jean-Robert, n. 6, d. Gravil.
Piot (Tous.) f. S.-Antoine, n. 126, Quinze-V.
Piot (Félix) r. Barre-de-Bec, n. 16, Dr.-de-l'H.
Piot (Pr.) quai de la Grève, div. Fidélité.
Piot (J.-B.) r. des SS.-Pères, n. 32, d. Grenel.
Piron (Paul) r. de Sèvres, n. 32, div. Ouest.
Pitois (Cl.) r. S.-Martin, n. 9, d. Luxemb.
Pitois (Fr.) r. de Charenton, n. 121, Quinze-V.
Titot (J.-Jos.) r. Quincampoix, n. 52, d. Lomb.
Planville (V.-Isid., pas. de la Réunion, d. Réun.
Planchon (Jos.) r. de Courcelle, div. Roule.
Plat, dit Duval, (J.) quai S.-Bernard, n. 19, Pl.
Plisson (Pr.) r. de Popincourt, n. 55, d. Pop.
Pluche (L.-Patrice) f. boulv. l'Hôpital, n. 24, F.
Plumercy (Pr.-Fréd.) f. r. Marceau, n. 8, Tuil.
Pluvinet (L.-Dd.) r. S.-Martin, n. 108, Réun.
Poinsot (Edme) r. d'Angoulême, n. 18, Tem.
Poiré (J.-B.-Céleste) r. Beaubourg, n. 22, Réu.
Poirrier (Pr.-Arm. r. S.-Martin, n. 305.
Poisson (Pr.) r. de Caumartin, n. 7, pl. Vend.
Poisson (Sim.) r. du Four, n. 47, Hal. au Bl.
Poissonnier (Jos.) r. du Hercpoix, n. 5, Th.-F.
Police (Pr.) r. Phelippeau, n. 50, d. Gravil.
Ponset (Pr.) r. S.-Victor, n. 99, d. Plantes.

(69)

Pontarly (Laur.) r. Helvétius , n. 2, d. B.-d.-M.
Poquard (Louis) r. de Surène , div. Roule.
Porta (Nic.) r. des Canettes , n. 21 , d. Luxem.
Potier (Pr^e.) r. de la Verrerie , n. 46, d. Rénn.
Pouillet (v^e.) pl. des Italiens , n. 528 , d. Pellet.
Poulain (Laur.-Ch.) r. N.-des-Mathurins, pl. V.
Poulain (N.-Ch.) r. de Ménilmontant , n. 2, Pop.
Poulain (L.-Ch.) r. de la Ferronnerie, n. 23, M.
Pourain (Geor.) b. la Madeleine, n. 260, p Ven.
Pouramier (Pr^e.) T. quai de l'Ecole, n 3 , Mus.
Pourchot , r. N.-D.-des-Victoires , n. 3 , Mail.
Prache (Mich.) T. r. des Colonnes , n. 4 , d. Pel.
Prat (Pr^e.-Jacq.) r. de Grammont , n. 21 , Pel.
Prévost (J.-B^e.) r. de Grétry , div. Pelletier.
Prévost (Louis-Gabriel) T. r. des Boucheries ,
    n. 9 , div. Butte-des-Moulins.
Prévost (Louis) r. Zacharie , n. 15, d. Thermes.
Prieur (J.-B^e.) marc. d'Aguesseau , d. pl. Vend.
Prieur (Nic.) r. N.-S.-Eustache , n. 1 , Brutus.
Prince (Gab.) quai S.-Paul , div. Arsenal.
Prion (Pr^e.) r. de la Croix , n. 13, d Gravilliers.
Provencher (Pr^e.-Alex.) r. du Marché Palu, Cité.
Provost (Louis) r. de Lancry , n. 30 , d. Bondi.
Provost (Louis-Barth.) r. du Temple . n. 2.
Prunier (J.-Louis) T. r. de la Loi, n. 81 , d. Pel.
Psal . on (Louis-Fr.) f. S.-Honoré , n 45, Ch.-El.
Psalmon , r. de Grammont , div. Pelletier.
Puignan (Louis) enc S.-Jean de Latran , n. 40.
Pulvet (Noël-Phil.) T. petits Pilliers des Halles ,
    n. 81 , div. Bon-Conseil.
Pujot (Pr^e.) r. Joquelet , n. 5 , div. Mail.
Pujot (Jos.) r. S.-Antoine , n. 75 , Dr.-de-l'H.
Putmans (Mich) T. r. Rochefort, n. 13, f. Mont.

EN GROS.

Pariset (L.-And.) r. des Fos.-S.-Bernard, n. 31.

Perducet (Fr.) quai de la Tournelle , n. 37, Pl.
Polissard (Claude) vieille r. du Temple , n. 64.

COMMISSIONNAIRES.

Pessard , quai de la Tournelle , n. 11 , d. Plant.
Piot , r. des Fos.-S.-Bernard , n. 31 , pl. Pant.

FORAINS.

Patissier (Et.) quai du Nord , n. 37 , d. Frater:
Place , quai de la Liberté , n. 32 , Fraternité.

Q

Quatrin (J.-Pre.) r. de la Fontaine , n. 11 , Pel.
Quatrelivre (J.-Fr.) r. Charenton, n. 112, Q.-V.
Queau (Nic.) r. S.-Martin , n. 40 , d. Réunion.
Queau (Adrien) r. du Vert-Bois , n. 18 , Grav.
Quesson (J.-Louis) r. de Lille , n. 6 , d. Gren.
Queux (Nic.) r. de la Tonnellerie , n. 19 , Mar.
Quillet (Aug. - Eugène) r. du Marché-Neuf ,
   n. 37 , div. Cité.
Quillet (Edme) r. des Arcis, div. Arcis.
Quinard (ve.) T. r. d'Enfer , n. 23 , d. Observ.
Quinard (Réal) , S.-Jacques, n. 131 , d. Pant.
Quillion , T. r. des Capucines , n. 125 , p. Vend.

EN GROS.

Quiquoi (Jean) quai S.-Bernard , n. 50 , Plan.

R

Ract (Henri) r. du Monceau , n. 3 , Fidélité.
Rage (J.-Bte.) r. de Beaune , n. 4 , Grenelle.
Ragot (Edme-Sim.) r. Montmartre, n. 21, M.-B.

Rattat (Simon) r. de la Tonnellerie, n. 22. Mar.
Raveau (Franç.) r. S.-Martin, n. 66, d. Réun.
Raveneau (Et.-Sim.) r. de la Chaise, n 14. Ouest.
Raimbeault (J.-And.) r. des Capucines, n. 125.
Raimbeault (Franç.) r. des Capucines, n. 16.
Raimbeault (Edme) r. des Petits - Champs ,
    n. 62 , div. Pelletier.
Raimbeault (J.-B'.) r. N.-S.-Roch , n. 35.
Raimbeault (Cl.) r. de la Verrerie, n. 62, Réun.
Raimbault (J.-Marie) r. des SS.-Pères , n. 16, G.
Raimbault (Et.) r. des Ciseaux , n. 10 , Unité.
Raimbeault (Henri) r. de l'Ecole de Médecine ,
    n. 29 , div. Théâtre-Français.
Raimbeault (Séb.) r. S.-Victor, n. 96, d. Plant.
Ramelet (Franç) r. de la Cossonnerie , n. 45.
Ranson (Ch.) r. des Filles-Dieu, n. 11, d. B.-N.
Récureur, r. de la Paix, n. 3, abbaye, d. Unité.
Rebard (Séb.) r. d. Vieilles-Etuves, n. 8, H. au B.
Rebilliot (v".) r. Bertin-Poirée , n. 14, d. Mus.
Redon (Mart.-And.) r. S.-Antoine , n. 65 , M.
Regentet (Adr.) r. S.-Martin, n. 3 , d. Nord.
Reglodé (J.-B".) r. de la Mortellerie , d. Fidél.
Regnier (J.-Pr".) r. S.-Antoine, n. 113 , Indiv.
Regy (Alex.) r. Contrescarpe , d. Arsenal.
Renaud (Franç.) r. Pelletier, n. 5, d. Mont-Bl.
Renault (Cl.) r. de Beaune , n. 4, d. Grenelle.
Renaudot, r. S.-Denis, n. 513, d. Bonne-Nouv.
Renaudot (J.-Marie) r. du Gros-Chenet, n. 10.
Renaudot (And.-Bern.) pl. de l'Hôtel-de-Ville.
Renflet (J.-Nicolas) r. de Beauvais, n. 18, G.-F.
Renevey (Franç.) r. de Sèvres , div. Unité.
Renecy (Nic) r. de la Perle , n. 2 , d. Indivis.
Renouard (J.) r. de la Tixeranderie, n. 9, Arcis.
Renouard (J.) r. du Bac , n. 37½, div. Grenelle.
Renoult (J.-B.) r. de Grenelle, n. 62, r. Gren.
Retif (Jacq) r. Jacob , n. 8, div. Unité.

Reveil (Tous.) r. des Fossayeurs, n. 19, d. Lux.
Rice (Dominique) r. Gît-le-Cœur, n. 13, Th.-F.
Richard (Nic.) r. de Malte , n 8, div. Tuileries.
Richard (J.-Guil.) r. de la Cossonnerie , n. 25.
Richard (Xav.) f. du Temple , n. 100 , d. Tem.
Richard (Ch.-Fr.) r. du Temple, n. 111, d. Grav.
Ricot (Cl.) pas. Molière , n. 89 , d. Contr.-So.
Rivet (And.) faub. S -Antoine , n. 92 , d. Q.-V.
Robbé (Bart.) r. St°.-Avoye, n. 66, d. Hom.-Ar.
Robert (J.-B°.) r. des Moulins, n. 7, d. B d. M.
Robert (Guill.) r. Bertin-Poirée, n. 14. d. Mus.
Robert (Mic.) T. faub. S.-Martin, n. 75, Nord.
Robert (Fr.) r. St°-Avoye, n. 71, div. Réunion.
Robert (Cast.) quai de Gèvres, div. Arcis.
Robert (Edme) r. de la Tixeranderie, D. de l'H.
Robelin (Esprit) r. S.-Lazare, n. 99, d. Pl. Ven.
Robillard (Franç.-Nic.) r. de Charenton, n. 66.
Robin (Nic.) faub. Poissonnière , n. 59 , F.-M.
Robin (Pr.-Edme.) r. des Colonnes, n. 3, Fell.
Robin (Pre.-Ant.) r. Favard, div. Pelletier.
Robin (Fr.) r. Coquillière, n. 3, d. halle au Bl.
Robin (Ant.) r. Beaubourg, n. 29 , d. Réunion.
Robin (J.-B°.) r. de la Poterie, des Arcis.
Robin (J.-B'.) r. de la Tixeranderie, div. Arcis.
Robin (Jos.) r. de Versailles, n. 2, div. Plantes.
Robinet (Gér.) r. de Montreuil, n. 13, d. Montr.
Robinet (Et.) r. S.-Christophe , n. 10, div. Cité.
Roblot (Nic.) r. aux Fèves, n. 4, div. Cité.
Rodot (Pre.) r. S.-Martin, n. 83, div. Lombards.
Rodot (Nic.) r. de Bretagne, n. 36, div. Temple.
Rodot, r. S.-Antoine, div. Arsenal.
Rodot (Ch.) r. des SS.-Pères, n. 16, div. Gren.
Roisin (Mic.) r. de Seine, n. 6, div. Unité.
Roland (L.) r. S.-Denis, n. 4, div. Muséum.
Rondot (v°.) quai de la Tournelle, n. 39 . d. Pl.
Roseau (v°.) r. du Monceau-S.-Gervais, Fidél.

Rouard,

Rouard (Aug.) r. des Fontaines, n. 19, d. Grav.
Rouhaut (J.-Jos.-Alex.) r. de Bièvre, n. 14, Pl.
Rousseau (J.) grande rue du Chaillot, Ch.-El.
Rousseau (Jos.) r. Coquenard, n. 7. F.-Montm.
Rousseau (J.-Phil.) r. N°.-d'Orléans, n. 14, Nord.
Roussel (P'°.-L.-Nic.) r. Grande - Tuanderie,
  n. 5, div. Bon-Conseil.
Roussel (Ange-P'°.-Mart.) r. S.-Martin, n. 46.
Roussel (P'°.-Nic.) r. Royale, n. 32, d. Indivis.
Roussel (J.-Fr.) faub. S.-Jacques, n. 24, Observ.
Rousselot (P'°.) r. Trépillon, n. 26. d Gravill.
Roux (P'°.) r. Croix-des-Petits-Champs, n. 20.
Roux (Guill.) r. des Chollets, n. 25, div. Panth.
Rouyer (Ant.) r. de la Roquette, n. 4. Montr.
Roy (Cl.) r. des Vieux-Augustins, n. 9, d. Mail.
Roy (P'°.) r. de Paradis, div. Homme-Armé.
Royer (Sim.) r. S.-Honoré, n. 360, d. Pl Vend.
Royer (Nic.) r. des Vieux-Augustins, n. 22, Mail.
Ruelle (P'°.-Jacq.) r. de Bussy, n. 45, d. Unité.
Ruelle (Charles-P'°.) faub. S.-Antoine, n. 178.

EN GROS.

Ratelot (v°.) r. des Fossés-S.-Bernard, n. 27.
Reny (J.-L.) r. de la Femme sans Tête, d. Frat.
Renet (L.-Fr.-Marie) quai de l'Egalité, n. 22.
Roche (L.) quai de la Tournelle, n. 15, d. Pl.

COMMISSIONNAIRES.

Raimbault, r. des Fossés-S.-Bernard, n. 12, Pl.
Renault, r. de la Mortellerie, div. Fidélité.
Roch, r. des Fossés-S. Bernard, n. 37, d. Plant.
Roy, r. S.-Louis, div. Fraternité.
Rouillonquincy, r. S.-Louis, n. 23, div. Frat.

FORAINS.

Raoult, r. des Fossés S.-Bernard, n. 5, d. Plant.
Raimbault, r. S.-Louis, div. Fraternité.
Rochard, r. S.-Louis, div. Fraternité.

S

Saffray (Geor.) r. du Foin, n. 25, div. Thermes.
Saint-Amant (Jos.) faub. du Roule, n. 106.
Saint-Amant (Aug.-Jos.) r. Pastourelle, n. 6.
Saint (Nic.-Remy) r. Montmartre, n. 85, Mail.
Sainte-Beuve (Fr.-Théod.) r. des Marmousets,
    n. 47, div. Cité.
Sainton (Pre.-Jacq.) r. S.-Victor, n. 44, d. Pl.
Salmon (Jacq.) r. Beaubourg, n. 17, d. Réunion.
Sales (J.-Bte.) cul-de-sac Baffour, n. 3, A. Patr.
Sarrazin (L.) r. de la Fromagerie, n. 25, Marc.
Sarrazin (J.-B.) quai de la Monnaie, n. 1, Unité.
Sarrazin (Pre.-Aubin) r. de l'Echelle, n. 5, Tuil.
Sardin (Lazare) T. boulev. l'Hôpital, n. 4, Fin.
Sassier (Ch.-Fr.) r. de Clichy, n. 7, div. Roule.
Sauteret (Laur.) r. Projettée, n. 8, div. Indivis.
Sauves (Th.) r. Beaubourg, n. 60, div. Réunion.
Sanzanne (J.) r. S.-Antoine, n. 127, d. Montr.
Sehlier (Ch.) T. barr. de la Conférence, Ch.-El.
Scordel (F.) r. S.-Jacques, n. 14, div. Panthéon.
Scribo (Denis-Nic.) r. du Cimetière-S.-Nicolas,
    n. 28, div. Gravilliers.
Segé (Jrcq.-Nic.) r. de la Croix, n. 6, d. Grav.
Seguin (Edme) r. des Ecouffes, n. 1, Dr. de l'H.
Seigneret (Cl.) quai de l'Horloge, n. 57, Pont-N.
Sellier (J.-Bte.) r. des Prêcheurs, n. 30, Marchés.
Sellier (Jos.) r. N.-d'Orléans, n. 24, d. Nord.
Sollier (Cl.) r. du Ponceau, n. 5, Amis-de la P.

Sérize (Ant.) march. S.-Martin , n. 4 , d. Grav.
Serre (Pre.) r. de Sèvres , n. 107 , d. Unité.
Serveau (Louis) r. N.-S.-Roch, n. 47 , B.-d.-M.
Serrouin (Den.) r. de la Poterie, n 11, Marchés.
Siméon (Jacq.) pl. Maubert, n. 33 , Panthéon.
Simon (Louis) r. Montmartre , n. 85, d. Mail.
Simonet (J.-B".) r. Barbette , n 14 , d. Indivs.
Simonin (Nic.-J. B".) r. des Blancs-Manteaux ,
    n. 9 , div. Homme-Armé.
Simonin (Barthellemy) marché S.-Jean , n. 20.
Simonin (Ant.) pl. Maubert , n. 3, d. Panthéon.
Sinoquet (J.-B"., marché S.-Jean, n. 39, D.-d.-l'H.
Sœur (Edme) r. du Ponceau, n. 47 , A.-de-la-P.
Sombrin (Ant.) r. Poliveau, n. 7 , d. Finistère.
Sonnier (v") r. des Ecrivains, n. 18 , d. Lomb.
Sorret (v".) r. S.-Benoit , n. 2 , d. Unité.
Soublé (J.-B".) r. de la Roquette, n. 48, d. Pop.
Souchard (Pre.-Marie) r. S.-Paul , d. Arsenal.
Souchet (J.-B".) r. de Reuilly , n. 4 , Quinze-V.
Soufflot (Germ.) r. S.-Martin , n. 135, d. Lomb.
Stainville (J.-Pre.) r. de la Vannerie , d. Arcis.
Suchon (J.-Félix) r. St".-Anne , n. 6, d. P.-N.

EN GROS.

Sandrin (père et fils) r. des Fossés-S.-Bernard ,
    n. 31 , d. Plantes.
Sinoquet (J.-B".) r. S.-Louis, d. Fraternité.
Sirot (Benoît) quai S.-Bernard , n. 45, d. Plant.
Soupé (Paul) r. S.-Honoré, n. 366, d. pl. Vend.

COMMISSIONNAIRES.

Savry (Ant.) quai S.-Bernard , n. 50 , d. Plant.

FORAINS.

Saint-Maurice (Franç.) quai de la Liberté , n. 6, div. Fraternité.
Saussaye (père et fils) quai de la Tournelle , n. 33, div. Plantes.
Sinoquet (Et.) quai de l'Egalité , n. 8 , d. Frat.
Sirot (Louis-Phil.) quai St -Bernard , n. 57, Pl.

T

Taillandier (Barth.) r. des Nonaindières , n. 13.
Taillard (Ant.) cloît. S.-Jacques-l'Hôpital, B.-C.
Talfunier (Nic.) f. S.-Martin , 133 , div. Bondi.
Talon (P^{re}.-Fr.) r. Trop-va-qui-dure, n. 2, M.
Tannière (Edme) quai de la Grève , div. Fidélité.
Tardiveau (Franç.) quai S.-Bernard , n. 51, Pl.
Tariot (Cl.) r. de la Calandre , n. 29 , d. Cité.
Tarrot (Jacq.) r. du Chaume, n. 10, d. H.-Arm.
Tascherat (Marc-Ant.) T. r. du Jour, n. 5, C.-S.
Tassin (Franç.-Ch.) r. S.-Martin, n. 254, Grav.
Tellier (J.-Nic.) f. S.-Antoine, n. 265, d. Montr.
Tenaillon (Nic.-F^s.) r. Bon-Conseil, n. 44, B.-C.
Tenant (Ch.-Cl.) r. Gallande , n. 39 , d. Panth.
Ternot (P^{re}.) r. Grandh-Truanderie, n. 54, B.-C.
Tessey (P^{re}.) r. de la Vannerie , div. Arcis.
Tessier (Noël-F^s.) r. de la Fromagerie, n. 27, M.
Testard (Vic.-Ch.) T. port de l'Hôpital , n. 18.
Testu (Alex.-Th.) r. S.-Jean , n. 2 , div. Inval.
Tharon (L^s.) r. de la Loi , n. 305 , d. Pelletier.
Thenot (L^s.) f. S.-Martin , n. 174 , div. Bondi.
Théré (Jos.) r. du Mont-Blanc, n. 33, pl. Vend.
Thevenin (Ant.) r. d. Trois-Canettes. n. 9, Cité.
Thiberge (Mart.) T. allée d'Antin , d. Ch. Elys.
Thiboux (Cl.) T. r. de la Convention, n. 11, T.

Thiébault (Et.) gr. r. Chaillot , d. Ch.-Elysées.
Thiébault (Jacq.-Remy) r. de Turenne, n. 8, Ind.
Thilloy (J.-F.) r. Quincampoix, n. 5, d. Lomb.
Thirion (Ch.-Nic.) r. Cadet , n. 3 , d. f. Montm.
Thion (Ch.) r. de Vaugirard , n. 88, div. Ouest.
Thomerey (Jul.) r. Mêlée, n. 36, d. Gravilliers.
Thomas (N⁵.) T. place du Carousel, n. 42, Tuil.
Thomas (Cl.-Remy) r. S.-Martin , n. 60, Réun.
Thomas (Pre.) r. des Boucheries, n. 44, Unité.
Thorridenet (And.) r. Basse-S.-Denis, n. 24, Pois.
Thouvenin (Pre.) r. S.-Jacques , n. 146, Panth.
Thuillier (Ch.-Remy) r. Mouffetard, n. 197, F.
Tirot (And.) r. du Temple, n. 29, div. Gravil.
Tissier (Et.) Enclos du Temple , n. 67, d. Temp.
Tocq (Jacq.) r. de Sèvres, n. 1, div. Ouest.
Toulouze (Nic.) f. S.-Denis , n. 37, d. Poisson.
Toulouze (Benine) r. Geoffroy-Lasnier, d. Fid.
Tournelis (Jul.) r. Martel , n. 18, div. Poisson.
Toussenel (Blaise) r. de la Savonnerie, n. 11, L.
Toutain (Ch.-Franç.) r. du Mouton , d. Fidél.
Toutain (J.-Pre.) quai de la Grève, div. Fidélité.
Touzeau (J.) r. du Petit-Carreau, n. 6. B.-Nou.
Trairon (J.-B⁰.) r. Faydeau , div. Pelletier.
Trairon (Franç.) f. Montmartre, n. 115, d. Mail.
Trameau (J.) r. Fontaine au Roi, n. 31, Temp.
Tranel (J.-Franç.) cour Neuve du Palais , n. 6.
Tremblay (J.-B⁰.) r. Gallande, n. 56, Panth.
Tremeau (J.) marché Beauveau, d. Quinze-V.
Tremisot (Cl.) r. S.-Martin , n. 206, d. Gravil.
Tremizot (J.-B⁰.) r. Charenton , n. 1, Quinze-V.
Trequilly (Pre.) r. du Ponceau, n 13, A.-de-la-P.
Treshaut (J.-Louis) T. boulv. l'Hôpital , n. 18.
Trianon (J.-Louis) quai Bonaparte , n. 5, Inv.
Trotte (Gab.) r. S.-Martin , n. 174 , d. Gravil.
Troyon (Mart.) r. Poissonnière , n. 29 , Brutus.
Trufeau , halle à la Viande , n. 2, d. Marches.

EN GROS.

Thuillan , r. des Fos.-S.-Bernard , n. 5, Plant.
Toufllin , r. des Fos.-S.-Bernard , n 31 , Plant.

COMMISSIONNAIRES.

Thillay (J.-Bᵉ.) quai de la Tournelle , n. 19, Pl.

FORAINS.

Talant , port au vin , div. Plantes.
Thierrois , r. Regratière , n. 14 , div. Fratern.
Thomas (J.-L.) quai de la Tournelle , n. 31, Pl.
Trichard , quai de la Liberté , n. 6, d. Fratern.

V

Vas (Chris.) r. de la loi , n. 71 , d. Pelletier.
Vacquier (Eloy) r. des Ballets . n. 714, à la
    Force , div. Droits-de-l'Homme.
Vacquier (Benj.) r. Stᵉ.-Hyacinthe , n. 28 , Th.
Vadurot (Prᵉ.) r. S.-Merry , n. 15 , div. Réun.
Vagomer (Jos.) f. Honoré , n. 54 , d. Ch.-Elys.
Vaillant (Nic. r. de la Calandre , n. 60, d. Cité.
Valadier (Vidal, r. Traversière, n. 42, Quinze-V.
Valambert (Nic.) r. des Vieilles-Etuves , n. 7.
Valdener (Prᵉ.) r. Bonne-Nouvelle , n. 1, B.-N.
Vallée (Nic.-Flavie) r. de Charenton , n. 110.
Vallogne (J.-Bᵉ.) r. des Bourdonnais , n. 23.
Vallon (Prᵉ. porte S.-Antoine , n. 3 , d. Montr.
Vallon (Franç.) r. S.-Antoine , n. 123 , Indiv.
Vanory Prᵉ.) r. Moufletard , n. 242 . d. Finis.
Varango (Jacq.) r. Montorgueil, n. 55, C.-Soc.
Varlet (Hilaire) r. des Prêcheurs , n. 34 , March.
Varlet (J.-Bᵉ.) f. boul. l'Hôpit. n. 14, d. Finis.

(79)

Varras (Jos.) r. de Tournon , n. 1 , d. Luxemb.
Vassellier (Th.) r. de la Monnaie , n. 3 , Mus.
Vatin (Ch.-Germ.) r. Jean-de-l'Epine , d. Arcis.
Vauchy (v⁶.) r. de Sèvres , n. 39 . d. Ouest.
Vaudron (Jacq.) r. Mouffetard, n. 189, d. Finis.
Vauquier (Aug.) f. S.-Antoine , n 237, Montr.
Vauquelin (J.-Laur.) r. Mazarine, n. 60, Unité.
Vauthier (J.-L.) cloi. S.-Merry , n. 4, Réunion.
Vautrin (J.) r. de Grenelle , n. 89 d. Grenelle.
Vavre (Mart.) gr. Verte , div. Roule.
Vazelle (Jérode) T. r. des Martyrs , n. 10. f. M.
Velleaux (Fr.) r. de la Montagne , n. 47, Panth.
Velu (Ant.-Fr.) r. des Prouvaires , n. 18, C.-S.
Venant (Et.-J.-Benj.) quai des Ormes, Fidél.
Verdin (Réné-Bern.) T. r. S.-Martin , n. 23, L.
Verdot (Laur.) r. des Deux-Portes, n. 11, B.-C.
Vergeois (v⁶.) r. S.-Antoine , n. 49 , D.-de-l'H.
Vermond (Robert) r. Bourg-l'Abbé , n. 55.
Vernier (Th.) f. S.-Antoine, n. 280, Quinze-V.
Verpillet (Louis) r. S.-Martin , n. 47, d. Lomb.
Verrier (J.-B⁶.) f. Honoré, n 86 , d. Ch. Elys.
Viard (Cl.) r. Projetée-Choiseuil , n. 5. Pellet.
Viard (Pr⁶.) r. Betizy , n. 19 , div. Muséum.
Viardot (J.-Fr.) r. du Jour , n. 7, d. Contr.-S.
Videlaire (Ant.) r. des Tournelles, n. 48, Ind.
Vieillard (v⁶.) r. de la Parcheminerie n. 5, Th.
Vienne (J.-L.) f. S.-Antoine, n. 141, d. Montr.
Vigery (Ant.) marc. S.-Martin, n. 11, d. Grav.
Vigneron (v⁶.) T. port de la Rappée, Quinze-V.
Villain (Jacq.) r. S.-Honoré n. 291.
Villain (Pr⁶.-Gabr.) marché S. Martin, n. 5.
Villars (Ch.) r. de Paradis , n. 25 , d Poissonn.
Villemotte (Sim.) r. Charenton , n. 87 , d. Pop.
Viltard (Pr⁶.-Louis-Prosp.) r. Michel Lepelle-
   tier, n. 30 , div. Réunion.
Vincent, f. S.-Denis , n. 74, d. Poissonnière.

Vincent (Fr.) r. de la Tabletterie, n. 9, d. Mus.
Vincent (Fr.) r. de Ménilmontant, n. 32, Pop.
Voisin (Eust.) r. S.-Honoré, n. 11, d. Gard.-Fr.
Wallet (Florim.) f. S.-Denis, n. 146, d. Nord.
Warmet (Marc-Nic.) r. de Malte, n. 6, d. Tuil.

MARCHANDS EN GROS.

Vené, Halle au Vin, d. Plantes.
Villiers (Réné) r. Helvétius, n. 57, d. Pelletier.

COMMISSSIONNAIRES.

Varcollier, r. des Fos.-S.-Bernard   n. 25, Pl.

MARCHANDS FORAINS.

Vallet, quai de la Tournelle, n. 33, d. Plantes.

Y

Yardin (Kéné) T. f. du Temple, d. Temple.
Yot (J.-B.) r. S. Jacques, n. 89, d. Panthéon.

Z

Zeude (Ant.) r. des Marmouzets, n. 11, Cité.
Zeude (Pi*) r. des Quatre-Vents, n. 13, Lux.

ENTREPOTS

DE VINS ET VINS DE LIQUEURS A PARIS.

MM.

Adeny (Mll^e.) r. de Tracy , n. 7 , d. A. de la P.
Aglantine (Mll^e.) c. des Fontaines, n. 12 , B.-M.
Bethune , gallerie de Pierre , palais du Tribu-
    nat . n. 142 , div. Butte-des-Moulins.
Biat (Mll^e. Thérèse) r. S.-Honoré , hôtel d'An-
    gleterre , div. Tuileries.
Bois - Fougères , enc. des Capucines, d. p. Ven.
Chanal , hôt. Montmorency , r. S.-Marc , d. Pel.
Deliège Pr^e.) r. du Hasard , n. 8, d. But.-d.-M.
Hébert , pl. de l'Hôtel-de-Ville , d. Arcis.
Lecomte (Germ.) r. Vinon , n. 10 , d. Mont-B.
Nogaret , r. de la Loi , n. 16 , d. Butte-d.-Mou.
Paquier , r. du Lycée , d. Butte-des-Moulins.
Prieur , gallerie de Pierre , palais du Tribu-
    nat , n. 104 , div. Butte-des-Moulins.
Sevin (Jos.) r. St^e.-Avoye , n. 47 , div. Réun.

ENTREPOTS A LA RAPÉE.

MM.

Bourgerie.
Charles-Talmour.
Joulin et compagnie.
Plagnolle et compagnie.
Libert , père et fils.
Rigaut et compagnie.

ENTREPOTS A BERCY.

MM.

Estivalet et compagnie.
Gardes.
Genets.
Giraudot.
Guillermin.
Husson , Anselin et compagnie.
Matrat.
Renet fils.
Tendon et compagnie,
Tricot et compagnie.

GOURMETS

SUR LES PORTS DE PARIS.

MM.

Beaudot, r. de l'Épée de Bois, d. Finistère.
Bourdon, r. du Caire , div. Bonne-Nouvelle.
Chesle , r. de la Coutellerie , d. Aricis.
Desnerveaux (dit Pierre) quai du Nord , n. 39.
Doucet , r. des Fos-S.-Bernard , div. Plantes.
François (Jacques) r. des Francs - Bourgeois ,
    n. 2 , div. Indivisibilité.
Frère , r. des Deux-Ponts, div. Fraternité.
Foaley (Edme) r. de la Femme-sans-Tête, n. 1.
Janniot , cloî. des Bernardins , div. Plantes.
Lefortier (Nic.) quai de la Liberté, n. 28, Finis.
Ouisil , quai S.-Bernard, div. Plantes.
Thomas (Louis) r. des Deux-Ponts, n. 4 , Frat.

TABLEAU

DES MAITRES TONNELIERS.

MM.

ALLARD (Remy-Alex.) r. du Pont-aux-Choux, n. 11, div. indivisibilité.
André (Ch.-Nic.) r. de Verneuil, n. 34 d. Gre.
Audry (Pr. Ch.) r. de l'Égout, n. 41. pl. Ven.
Auger, r. des Vieilles-Tuilleries, n. 6, Ouest.

Baille (L.-Pr.) r. Courtibourg, n. 12, B.-d.-l'H.
Baroux (Pr.-Alexis) r. S.-Honoré, n. 36, T.
Baudoin, r. Guérin-Boisseau, n. 26, A. de-la-P.
Boizon (Fr.) r. du Four, n. 36, d. Cont. Soc.
Baumont, r. au Faub.-S.-Antoine, Quinze-V.
Belard (Laur. Denis) r. du Faub.-S.-Honoré, n. 49, div. Champs-Elysées.
Bengel (Jacq.) r. Salle-au-Comte, n. 16, Lom.
Bertholet (Fr.) r. Batave, n. 3, d. Tuileries.
Bertholou (Pr.) r. Duras, d. Roule.
Beyrle (Laur.) r. Guillaume, d. Fraternité.
Bettenand (J.-Louis-Marie) r. de Bourgogne, n. 16, d. Invalides.
Billiette, r. Charenton, n. 190, d. Quinze-V.
Billoret (Nic.) r. de la Calende, n. 17, d. Cité.
Blouet (J.) r. de la Verrerie, n. 83, d. Arcis.
Bobillot (Fr.) r. S.-Antoine, d. Arsenal.
Bodquin (Hilaire) r. Traversière, n. 14, B.-d.-M.
Bohn (Jean) r. de la Mortellerie, n. 66, d. Fid.
Boudier (Victor) r. de l'Évêque, n. 17, B.-d.-M.

Boully (v°.) r. des Cannettes, n. 7, d. Luxemb.
Boulanger (Louis-Pierre) r. S.-Dominique,
    n. 24, div. Grenelle.
Boussiard (J.-Cl.) r. Projetée, div. Lepelletier.
Boy (Pr°.-Adr.) r. Beaubourg, n. 8, d. Réun.
Breton (Ant.) r. des Mauv.-Garçons, n. 8, Unité.
Brière (Pr°.-Marin) r. Tiquetonne, n. 4, C.-S.
Brilfard (Pr°.-Et.) r. du Faub.-S.-Antoine,
    n. 199, div. Montreuil.
Brilfard (Pr°.) r. Charonne, n. 2, d. Montr.
Brion (Pr°.-Phil.) r. du Plâtre, n. 9, Panthéon.
Brocheton (Fr.) r. Traversière, n. 40, B.-d. M.
Brûlé, r. des Deux-Portes, n. 4, d. Th.-Franç.
Burthon (Henry r. S.-André-des-Arts, n. 19.

Cabuzel (Antoine) r. des Prêtres, n. 12, d. Mus°
Caré (J.-B°.) r. aux Fèvres, n. 27, d. Cité.
Caron (Mart.-Paul) r. Chaillot, n. 142, Ch.-El.
Cautrel (Fr.-Gabr.-Dom.) r. de Rouvrance,
    n. 18, div. Bonne-Nouvelle.
Cazier (Séb.) r. de la Jussienne, n. 18, d. Mail.
Chaussée (v°.) r. Michel-Lepelletier, n. 20, R.
Chauvier (Jos.) r. S.-Lazare, n. 5, d. Mont-B.
Chavignat (Silv.) r. du Temple, n. 64, H.-Ar.
Claivet (Nic.-Jos.) r. de Grenelle, n. 32, H. au B.
Coffinier (v°.) r. des Fossés-M.-le-Prince, n. 13.
Collet, jeune, cour des Vétérans, d. Arsenal.
Colombain (Ch.-Nic.) r. des Fos.-S.-Bernard,
    n. 4, div. Plantes.
Colson, r. Montmartre, n. 32, d. Contr.-Soc.
Combrebec (Pr°. Guil.-Jos.) r. du Sépulcre,
    n. 37, div. Unité.
Corion (J.-Louis) r. des Moineaux, n. 6, B.-M.
Corion (v°.) r. du Faub-S.-Honoré, n. 5. C.-El.
Cornichon (Sim.) r. Joquelet, n. 13, d. Mail.
Cottel (Am.-Vinc.) r. Montmartre, n. 4, M.-B.
                                        Cottin,

Cottin (Nic.) r. des Jardins, d. Arsenal.

DAPREY (Ant.) r. de Bercy, n 8, d. Quinze-V.
Daré, cul-de-sac Guespine, n. 2, div. Fidélité.
Debray (Fr.) r. du Ponceau, n. 55, A.-de-la-P.
Decle (Furcy) r. du Chantre, n. 26, Gard.-Fr.
Decle (J.-Louis) r. des Billettes, n. 13, Dr.-de-l'H.
Deletré (Guil.) r. de la Poterie, d. Arcis.
Deloche (v°.) r. du Bacq, d. Grenelle.
Denis (v°.) r. de la Corderie, n. 21, H.-Armé.
Desailly, r. S.-Dominique, d. Invalides.
Desbœuf, r. de Sèvres, n. 45, d. Ouest.
Desouche, r. Popincourt, n. 5, d. Popincourt.
Dessaint (Nic.) r. de l'Oursine, d. Observatoire.
Diard (Jean-Eloy) r. f. S.-Antoine, n. 66, M.
Dieval (Jean-Louis) r. des Lavandiers, n. 14.
Dohé (v°.) r. des Cannettes, n. 24, Luxemb.
Doyen (Jean-B.) r. de Viarmes, n. 14, H. au B.
Drule (Fr.-Jos.) f. Poissonnière, n. 42, d. Pois.
Dubureau (J.-Fr.) r. N.-Egalité, n. 6, B.-Nouv.
Duchesnes (Jacq.-Louis) r. du Vert Bois, n. 33.
Duchesnes (J.-Louis) f. S.-Antoine, n. 132.
Duchesnes (J.-J.-Mart.) r. de l'Etoile, n. 29.
Duchesnes (Louis-Th.) r. des Barrés, n. 9, Ars.
Dupont (J.) r. Culture-S". Catherine, n 6, Ind.
Durand, r. du Faub. du Temple, d. Nord.
Duré (Pr.) S.-Merry, n. 9, d. Réunion.
Duval (Fr.) r. d'Orléans, n. 6, d. Nord.

FALAISSE (v°.) r. Bailleuil, n. 7, d. Garde-ch.
Falaisse (J.-Phil.) r. S.-Benoît, n. 12, d. ? n.d.
Ferlet, quai S.-Bernard, d. Plantes.
Fessard (J.) r. du Faub. S.-Laurent, n 40, B.
Flautre (Fr.-Pr.) r. des Vieux-Augustins,
    n. 39, d. Mail.

Fontaine (Jean-Louis-Alex.) r. de Fourcy ,
    n. 3 , d. Fidélité.
Fosse (Georg.) r. S.-Bernard , n. 10, d. Montr.
Fournier (Guil.-Ch.) f. du Roule , d. Roule.
Fournier (Firm.-Louis) r. des Tournelles , n. 6.
François (Ant.-Alexis) r. Neuve-S.-Laurent ,
    n. 23 , d. Gravilliers

Galopin (Pr.) r. Mouffetard , n. 243 , d. Finis.
Garnier (Pr.) r. de la Harpe, n. 63 , d. Therm.
Gatine (J.) r. de la Bucherie , n. 21 , d. Panth.
Gaucherot (Jacq.) r. de Beauvais , n. 22, G.-F.
Genty (J.-B.) r. Neuve-Ste.-Catherine , n. 19.
Geofroy (Pr.-Math.) r. de la Savonnerie, n. 10.
Gillet (Louis-Nic.) r. des Menestriers , n. 9, R.
Gillé (Nic.) cul-de-sac de la Boule-Roule, f. M.
Glavet (Nic.) r. Charenton , n. 156, d. Quinze-V.
Gobin (Jean-Bap.) r. du Faub. Montmartre ,
    n. 4, d. Faub.-Montmartre.
Gosseneufroy (Pr.) r. Caumartin, n. 794, p. V.
Gasset (Louis-Fr.) r. de Tracy, n. 6, A.-de-la-P.
Gougel (J.-B.) quai de la Tournelle n. 7, Plant.
Grammare (Fr.) r. des Rosiers, n. 21, D.-de-l'H.
Grévet (Franç.) r. S -Maur, n. 20 , d. Temple.
Gricour , r. de la Boucherie , d. Invalides.
Gromblock (Geor.) r. Faubourg-Montmartre ,
    n. 13 , d. Mont-Blanc.
Guaquers (Franç.-Eloy) r. Chabannais, d. Pel.
Gueroux (J.-Bap.) r. de Lille, n. 20 , d. Gren.
Guiard (J.) r. Richer , n. 27 , d. Faub.-Montm.
Guyard (J.-And.) r. du Faubourg-S.-Antoine,
    n. 161 , d. Montreuil.

Hochu (J.) r. S.-Honoré, n. 332, d. B.-d.-M.
Huë (Pr.) r. S.-Nicolas, n. 536, d. pl. Vend.
Huguelot (Jacq.-Dom.) vieille r. du Temple,
    n. 54, div. Droits-de-l'Homme.

Husson, r. des Prêtres, d. Muséum.

Janon (Et.) r. S.-Louis, d. Fraternité.

Klin (Chris.) r. de la Calandre, n. 22, d. Cité.

Lacaisse (Noël) r. des Trois-Canettes, n. 9, Cité.
Lachapelle (Paul-Ambr.) r. S.-Louis, Fratern.
Lafond, r. du Faub. du Roule, n. 65, d. Roule.
Lapirot (J.) r. du Petit-Lion, n. 4, d. Luxemb.
Laplace (v^e.) r. des Fossés-S.-Bernard, n. 4, P.
Leblanc (Cl.) r. de Ménilmontant, n. 3, d. Pop.
Leclerc (Louis) r. Aumaire, n. 6, d. Gravilliers.
Leclerc (Ch.) r. Charlot, n. 12, d. Temple.
Leclerc (Louis-Henri) r. du Monceau, d. Fidél.
Lefebvre (Franç.-Firmin) r. des Billiettes,
    n. 12, d. Droits-de-l'Homme.
Lefebvre (Adr.) r. des Vieilles-Étuves, n. 9, R.
Lefebvre (J.-Pr.) r. Zacharie, n. 6, d. Ther.
Lefort (Jacq.-Nic.) r. de la Roquette, n. 68.
Lefrançois (Pr^e.) r. Maubué, n. 24, Réunion.
Lemaire (J.-Bap.) r. S.-Victor, n. 76, d. Plant.
Lemaann (Jean) dit Flamand, marché S.-Jean.
Lemonnier (Jacq.) r. Charlot, n. 7, d. Temple.
Leroy (Jos.) r. Saintouge, n. 3, d. Temple.
Leroy (Charles) r. du Fouare, n. 2, Panthéon.
Letesse (Sim.) r. des Saints-Pères, n. 62, d. Gr.
Letourneur (B^e.) r. de Grammont, n. 14, Pel.
Lhuillier (Edme) r. Coquenard, n. 42, f. Mont.
Lionnay (Mat.) r. des Bons-Enfans, Butte d.-M.
Lisvet (Mart.) r. Taitebout, n. 33, d. Mont-B.
Louguet, r. N.-Guillemain, d. Luxembourg.

Maillet (v^e.) r. aux Ours, n. 14, d. Lombards.
Mallet (Jacq.-Den.) Pas S.-Pierre, d. Arsenal.
Marck (J.-B^e.) f. S.-Denis, n. 14, d. Poisson.

Marcl (Louis-Ant.) r. des Vieilles-Etuves, n. 10, d. Halle-au-Bled.

Marmotant (Louis) marché d'Aguesseau. n. 25.

Mathias, r. N.-D.-de-Nazareth, n. 15, Gravil.

Martin (Jean) r. de l'Arbre-Sec, n. 28, Muséum.

Mauger (J.-B°.) r. Favard, n. 1, d. Pelletier.

Memetot (Sim.) r. Mouffetard, n. 194, d. Finis.

Mille (Bapt.) r. des Blancs-Manteaux, n. 8, H.-A.

Mouchot (Jean) r. des Fos.-S.-Bernard, n. 16.

Mouchot (Franç.-Firmin) r. S.-Jacques, n. 51.

Montigny (Nic.) r. Quincampoix, n. 87, Lomb.

Montreuil (Ton.) r. Mouffetard, n. 188, Obs.

Morel (Jacq.) r. Baillif, n. 8, d. Halle-au-Bl.

Mormand (Cl.) r. Ste.-Avoie, n. 8, d. H.-Ar.

Montel (Jean-Franç.) r. des Fossés-S.-Marcel, n. 12, d. Finistère.

Moutard (Hub.) r. de la Madeleine, d. Roule.

Milliet, r. du Faub.-S.-Laurent, n. 129, Nord.

Nardet (Pr°.) r. Bergère, n. 22, d. f. Montm.

Nicole (Pr°.) r. de Bondi, n. 64, d. Bondi.

Noiron (Fr.) r. du Rocher, d. Roule.

Nonon (Guil.) r. Marceau, n. 13, d. Tuileries.

Nonon (J.-Louis) r. S.-Benoît, n. 34, d. Unité.

Otto, r. de la Fontaine, n. 1, d. Pelletier.

Oudry, r. S.-Nicolas, n. 650, d. pl. Vendôme.

Ouzoux (v°.) r. Troussevache, n. 28, d. Lomb.

Pailleur (Er.) r. de la Coutellerie, n. 28, d. L.

Patris (Alexis) r. des Boucheries, n. 20, Unité.

Pavie (Pr°.) r. de la Cordonnerie, n. 15, Mar.

Payen (J.-Ch.) r. de la Grande-Truanderie, n. 38, d. Bon-Conseil.

Perelle (J.-Louis) r. de l'Échiquier, n. 5, Pois.

Perrot (Pr°.) r. S.-Sébastien, n. 12, d. Popinc.

Perrot (Jean-Bap.) r. des Jeûneurs, n. 10, B.
Petit (Nic.) r. S.-Victor, n. 53, d. Plantes.
Philippe (Franç.-Fiacre) r. de la Madeleine.
Philippe (Franç.) r. Mazarine, n. 19, d. Unité.
Pinson (Et.) r. de la Boucherie, n. 12, d Inv.
Plaquelle (Franç.-Nic.) r. S.-Nicolas, n. 7, p. V.
Pochonn (Ch.) r. Rochechouard, n. 9, f. Mont.
Poilleux (Jos.) r. des Moineaux, n. 18, B. d.-M.
Pottier (Ben.) r. des Prêcheurs, n. 10, March.
Potin (J.-Bap.) r. des Cordiers, n. 3, d. Ther.

QUÉVAUVILLIER (v°.) r. S.-Martin, n. 329.

Rallier (And.) f. S.-Denis, n. 29, d. Poisson.
Rambourg (Pr°.) r. de la Tixéranderie, d. Fid.
Rattier (Nic.) r. de l'Evêque, n. 6, B.-des-M.
Rayer (Aud.) r. des Vieux-Augustins, n. 4, M.
Regnier (J.B°.) foire S.-Laurent, d. Nord.
Regnier (v°.) r. du Four, n. 58, d. Halle au B.
Regnault (J.-B.) r. S.-Pierre, n. 3, Mail.
Regnaull (Pr°.) r. aux Ours, n. 11, d. Lomb.
Ricard (Cl.) r des Filles-Dieu, d. Bonne-Nou.
Richer (Jean-Nic.) r. S.-Lazare, n. 66, d. Roule.
Ridoux (Franç.) r. de la Mortellerie, n 56, Fid.
Robinet (Nic.-Franç.) r. Troussevache, n. 27.
Roche (v°.) r. des Lavandières, n 9, d. Panth.
Rolin (Jean-Alexan.) r. S.-Nicolas, n 52, Q.-V.
Rouliard (Nic.-Ch.) r. des Fosses-S.-Bernard,
    n. 25, d. Plantes.
Ruedel (Ant.) r. de la Cossonnerie, n. 17, Mar.

SAVARY (J.-Fr.) r. de Verneuil, n. 410, Gren.
Scheller (Franç.-Jos.) r. des Fos.-S.-Bernard,
    n. 15, d. Plantes.
Scheller (v°.) r. du Faub.-S.-Jacques, n. 222.
Souverain (J.-Pi.) r. Aumaire, n. 13, d. Gra.

Soullanges , r. de Sèves , d. Ouest.

TABARY (Eug.-Jos.) r. Pastourelle , n. 11, H.-A.
Tamponnet (Jean-Franç.) r. dès Prêtres , n. 8.
Tilliet (Et.-Ferdin.) r. Beaurepaire, n. 29, B.-C.
Tillet (Jean-Bap.) r. Montmartre , n. 150 , Gr.
Trousseau (Ant.) r. des Marmouzets, n. 25, Cité.
Trousseau (Louis) r. Guissarde , n. 4 , d. Lux.
Trousseau (Edme) montagne Ste.-Geneviève ,
    n. 81 , d. Panthéon.

VACQUET (Paris-Quilain-Jos.) r. S.-Antoine ,
    n. 349 , d. Fidélité.
Valin (Louis) r. du F.-S.-Jacques , n. 301 , Obs.
Vauquaire (Jean) r. des Moineaux, n. 4, B.-d.-M.
Venot (Et.) f. Montmartre, n. 71 , d. M.-Bl.
Vigneron (Pre.) r. Rousselet , n. 15 , d. Ouest.
Vimeux (Quillain) f. S.-Martin , n. 53 , Nord.

YACLY (ve.) porte S.-Antoine , n. 293 , Arsen.
Yzèbe (Ch.-Cl.) r. Jean-Robert, n. 24, Gravil.

F I N.

E R R A T A.

Berté (Pre.) f. Poissonnière, n. 74, d. Poisson.
Billiotte , pl. Vendôme , n. 4 , d. pl. Vendôme.
A reporter après Bressy.

Signe, le Verseau ♒.

Les jours croissent de 44 minutes le matin, et 45 le soir.

1	merc	*Circoncision*	11	
2	jeudi	s. Basile	12	
3	vend	*ste Genevieve*	13	
4	same	s. Rigobert	14	
5	*dima.*	s. Siméon	15	Pleine Lu.
6	lundi	*Epiphanie*	16	le 5, à o h.
7	mardi	s. Théau	17	12 min. du
8	merc	s. Lucien	18	matin.
9	jeudi	s. Pierre	19	
10	vend	s. Paul, Her.	20	
11	same	s. Hygin	21	Dern. Qu.
12	1 *dim*	s. Arcade	22	le 11, à 5 h.
13	lundi	Bapt. de N. S.	23	20 min. du
14	mardi	s. Hilaire	24	soir.
15	merc	s. Maur, abbé	25	
16	jeudi	s. Guillaume	26	
17	vend	s. Antoine	27	
18	same	Chaire s. Paul	28	
19	2 *dim*	s. Sulpice	29	Nouv. Lu.
20	lundi	s. Sébastien	30	le 19 à 8 h.
21	mardi	ste Agnès	1	2 minu. du
22	merc	s. Vincent	2	soir.
23	jeudi	s. Ildefonse	3	
24	vend	s. Babylas	4	
25	same	Conv. s. Paul	5	
26	3 *dim*	ste Paule	6	
27	lundi	s. Julien	7	Prem. Qu.
28	mardi	s. Cyrile	8	le 27, à 6 h.
29	merc	s. Franç. de S.	9	52 minu. du
30	jeudi	ste Batilde	10	soir.
31	vendr	s. Pierre Nol.	11	

NIVOSE an 14.

PLUVIOSE.

FÉVRIER.

Signe, les Poissons ♓.

Les jours croissent de 52 minutes le matin et 52 le soir.

1 samed	s. Ignace	12		
2 *diman*	*Septuagésime*	13		
3 lundi	*Purification*	14		Pleine Lu.
4 mardi	s. Philéas	15		le 3, à 10 h.
5 merc	ste Agathe	16		53 min. du
6 jeudi	s. Blaise	17		matin.
7 vendr	s. Romualde	18		
8 samed	s. Jean de M.	19		
9 *diman*	*Sexagésime*	20		
10 lundi	s. Scolastique	21		Dern. Qu.
11 mardi	s. Severin	22		le 10, à 9 h.
12 mercr	ste Eulalie	23		27 min. du
13 jeudi	s. Lezin	24		matin.
14 vend	s. Valentin	25		
15 samed	s. Faustin	26		
16 *diman*	*Quinquagési.*	27		
17 lundi	ste Julienne	28		
18 mardi	s. Siméon	29		Nouv. Lu.
19 merc	*Cendres*	30		le 18, à 3 h.
20 jeudi	s. Eucher	1		14 min. du
21 vend	Les 5 Plaies	2		soir.
22 samed	Chaire s. Pi.	3		
23 1 *dim.*	*Quadragésime*	4		
24 lundi	s. Mathias	5		
25 mardi	s. Flavien	6		Prem. Qu.
26 merc	*Quatre-temps*	7		le 26, à 5 h.
27 jeudi	ste Honorine	8		47 min. du
28 vendr	s. Romain	9		matin.

PLUVIOSE an 14.

VENTOSE

M A R S.

Signe, le Bélier ♈.

Les jours croissent de 52 minutes le matin
et 52 le soir.

1 samed	s. Aubin , év.	10		
2 *2 dim.*	*Reminiscere.*	11		
3 lundi	ste Cunégond	12		
4 mardi	s. Casimir	13		Pleine Lu.
5 merc	s. Drausin	14		le 4, à 9 h.
6 jeudi	s. Godegrand	15		26 min. du
7 vend	ste Perpétue	16		soir.
8 samed	s. Jean de D.	17		
9 *3 dim.*	*Oculi*	18		
10 lundi	s. Doctrovée	19		
11 mardi	Les 40 Martyrs	20		
12 merc	s. Pol, évêque	21		Dern. Qu.
13 jeudi	s. Euphrasie	22		le 12, à 3 h.
14 vend	s. Lubin	23		58 min. du
15 samed	s. Abraham	24		matin.
16 *4 dim.*	*Lætare*	25		
17 lundi	ste Gertrude	26		
18 mardi	s. Alexandre	27		
19 merc	s. Joseph	28		
20 jeudi	s. Joachim	29		Nouv. Ln.
21 vend	s. Benoît	30		le 20, à 7 h.
22 samed	s. Paul, év.	1		32 min. du
23 *5 dim.*	*Passion*	2		matin.
24 lundi	s. Simon	3		
25 mardi	*Annonciation.*	4		
26 mercr	s. Ludger	5		
27 jeudi	s. Rupert	6		Prem. Qu.
28 vend	Compassion	7		le 27, à 2 h.
29 samed	s. Eustase	8		2 minu. du
30 *6 dim.*	*Les Rameaux*	9		soir.
31 lundi	s. Acace, évê.	10		

VENTOSE. · GERMINAL

AVRIL.

Signe, le Taureau ♉.

Les jours croissent de 44 minutes le matin
et 44 le soir.

1	mardi	s. Hugues, *év.*	11	**GERMINAL.**
2	merc	s. Franç. de P.	12	
3	jeudi	s. Richard	13	Pleine Lu.
4	vend	*Vendredi Saint*	14	le 3, à 8 h.
5	same	s. Prudence	15	6 minu. du
6	*diman*	PASQUES	16	matin.
7	lundi	s. Romuald	17	
8	mardi	s. Vincent F.	18	
9	merc	ste Marie égy.	19	
10	jeudi	s. Hégésipe	20	Dern. Qu.
11	vend	s. Léon	21	le 10, à 11 h.
12	same	s. Jules, pape	22	23 min. du
13	1 *dim.*	*Quasimodo*	23	soir.
14	lundi	s. Hermeneg.	24	
15	mardi	s. Tiburce	25	
16	merc	s. Paterne	26	
17	jeudi	s. Fructueux	27	
18	vend	s. Anicet	28	Nouv. Lu.
19	same	s. Parfait	29	le 18, à 9 h.
20	2 *dim*	s. Elphege	30	4 minu. du
21	lundi	s. Hildegonde	1	soir.
22	mardi	ste Opportune	2	**FLORÉAL.**
23	merc	s. Georges	3	
24	jeudi	ste Beuve	4	
25	vend	s. Marc, *absti.*	5	Prem. Qu.
26	same	s. Clet, pape	6	le 25, à 8 h.
27	3 *dim*	s. Polycarpe	7	16 min. du
28	lundi	s. Vital	8	soir.
29	mardi	s. Robert	9	
30	mercr	s. Eutrope	10	

M A I.

Signe, les Gémeaux ♊.

Les jours croissent de 20 minutes le matin
et 19 le soir.

1	jeudi	s. Jacq. s. Ph.	11	
2	vend	ste Athanase	12	Pleine Lu.
3	same	Inv. ste Croix	13	le 2, à 7 h.
4	*4 dim*	ste Monique	14	19 min. du
5	lundi	Conv. s. Aug.	15	soir.
6	mardi	s. Jean P. Lat.	16	
7	merc	s. Stanislas	17	
8	jeudi	s. Desiré	18	
9	vend	s. Grégoire N.	19	
10	same	s. Gordien	20	Dern. Qu.
11	*5 dim*	s. Mamert	21	le 10, à 6 h.
12	lundi	*Les Rogations*	22	22 min. du
13	mardi	s. Servais	23	soir.
14	merc	s. Isidore	24	
15	jeudi	ASCENSION	25	
16	vend	s. Honoré	26	
17	same	s. Paschal	27	
18	*6 dim*	s. Félix	28	Nouv. Lu.
19	lundi	s. Célestin	29	le 18, à 7 h.
20	mardi	s. Bernardin	30	50 min. du
21	merc	s. Hospice	1	matin.
22	jeudi	ste Julie	2	
23	vend	s. Donatien	3	
24	same	*Vigile-Jeûne.*	4	
25	*dim.*	PENTECOT	5	
26	lundi	s. Augustin	6	Prem. Qu.
27	mardi	s. Jean, pape	7	le 25, à 1 h.
28	merc	*Quatre-Tems.*	8	39 min. du
29	jeudi	s. Maximin	9	matin.
30	vend	s. Hubert	10	
31	same	ste Pétronille	11	

FLORÉAL. (11–30) — PRAIRIAL. (1–11)

JUIN.

Signe, l'Ecrevisse ♋.

Les jours diminuent de 14 minutes le matin
et 15 le soir.

1	1 *dim.*	La Trinité	12	Pleine Lu.
2	lundi	s. Pothin	13	le 1, à 8 h.
3	mardi	ste Clotilde	14	3 minu. du
4	merc	s. Didier	15	matin.
5	jeudi	Fête-Dieu.	16	
6	vend	s. Norbert	17	
7	same	s. Paul de C.	18	
8	2 *dim*	s. Médard	19	
9	lundi	s. Prime	20	Dern. Qu.
10	mardi	s. Landry	21	le 9, à 11 h.
11	merc	s. Barnabé	22	8 minu. du
12	jeudi	Oct. Fête-D.	23	matin.
13	vend	s. Ant. de P.	24	
14	same	s. Ruffin	25	
15	3 *dim*	s. Guy, mart.	26	
16	lundi	s. Fargeau	27	Nouv. Lu.
17	mardi	s. Avit, abbé	28	le 16, à 4 h.
18	merc	ste Marine	29	28 min. du
19	jeudi	s. Gervais	30	soir.
20	vend	s. Sylvere	1	
21	same	s. Leufroi	2	
22	4 *dim*	s. Paulin	3	Prem. Qu.
23	lundi	Vigile-Jeûne	4	le 23, à 7 h.
24	mardi	Nativ. s. J. B.	5	12 min. du
25	merc	s. Prospère	6	matin.
26	jeudi	s. Babolein	7	
27	vend	s. Ladislas	8	Pl. Lune
28	same	Vigile-Jeûne	9	le 30, à 10 h.
29	5 *dim.*	s. Pierre s. P.	10	1 minu. du
30	lundi	Com. s. Paul	11	soir.

PRAIRIAL an 14.

MESSIDOR

JUILLET.

Signe, le Lion ♌.

Les jours diminuent de 41 minutes le matin
et 41 le soir.

1	mardi	s. Martial	12	
2	merc	Visit. de N. D.	13	
3	jeudi	s. Anatole	14	
4	vend	Trans. s. Mar.	15	
5	same	ste Zoé, mart.	16	
6	6 *dim.*	s. Tranquille	17	
7	lundi	ste Aubierge	18	
8	mardi	ste Elisabeth	19	
9	merc	ste Victoire	20	
10	jeudi	ste Félicité	21	Dern. Qu.
11	vend	Tr. s. Benoît	22	le 9, à 1 h.
12	same	s. Gualbert	23	27 min. du
13	7 *dim*	s. Turiaf	24	soir.
14	lundi	s. Bonaventur	25	
15	mardi	s. Henry	26	
16	merc	s. Eustache	27	Nouv. Lu.
17	jeudi	s. Spérat	28	le 15, à 11 h.
18	vend	s. Clair	29	49 min. du
19	same	s. Vincent	30	soir.
20	8 *dim*	ste Marguerite	1	
21	lundi	s. Victor	2	
22	mardi	ste Madeleine	3	Prem. Qu.
23	mecr	s. Appolinaire	4	le 22, à 2 h.
24	jeudi	ste Christine	5	50 min. du
25	vend	s. Jacques mi.	6	soir.
26	same	s. Christophe	7	
27	9 *dim*	s. Georges	8	
28	lundi	ste Anne	9	Pleine Lu.
29	mardi	s. Loup, évê.	10	le 30, à 1 h.
30	merc	s. Abdon	11	9 minu. du
31	jeudi	s. Germain	12	soir.

(Colonne centrale : MESSIDOR — jusqu'au 19 ; THERMIDOR — à partir du 20.)

AOUT.

Signe, la Vierge ♍.

Les jours diminuent de 51 minutes le matin
et 50 le soir.

1	vend	s. Pierre ès-li.	13	
2	same	s. Etienne	14	
3	10 *dim*	Susc. ste. Cr.	15	
4	lundi	s. Dominique	16	
5	mardi	s. Yon , mart.	17	
6	merc	Transfigurat.	18	
7	jeudi	s. Gaëtan	19	Dern. Qu.
8	vend	s. Justin , m.	20	le 7, à 1 h.
9	same	s. Romain	21	29 min. du
10	11 *dim*	s. Laurent	22	soir.
11	lundi	Sus. ste. Cou.	23	
12	mardi	ste Claire	24	
13	merc	s. Hypolite	25	
14	jeudi	*Vigile-Jeûne*	26	Nouv. Lu.
15	vend	ASSOMPT.	27	le 14, à 6 h.
16	same	s. NAPOLÉON	28	32 min. du
17	12 *dim*	s. Mammès	29	matin.
18	lundi	ste Hélène	30	
19	mardi	s. Louis, évê.	1	
20	merc	s. Bernard	2	
21	jeudi	s. Privat	3	Prem. Qu.
22	vend	s. Symphorien	4	le 21, à 3 h.
23	same	s. Sidoine	5	41 min. du
24	13 *dim*	s. Barthélemi	6	matin.
25	lundi	s. *Louis*	7	
26	mardi	s. Zéphirin	8	
27	merc	s. Césaire	9	
28	jeudi	s. Augustin	10	Pleine Lu.
29	vend	Déc. s. Jean	11	le 29, à 4 h.
30	same	s. Fiacre	12	53 min. du
31	14 *dim*	s. Médéric	13	matin.

THERMIDOR. (13–30) · FRUCTIDOR. (1–13)

SEPTEMBRE.

Signe, la Balance ♎.

Les jours diminuent de 51 minutes le matin,
et 51 le soir.

1 lundi	s. Leu, s. Gille	14		
2 mardi	s. Lazare	15		
3 merc	s. Grégoire	16		
4 jeudi	ste Rosalie	17		
5 vend	s. Bertin	18		Dern. Q.
6 same	s. Onésiphe	19		le 5, à 11 h.
7 15 *dim*	s. Cloud	20		35 min. du
8 lundi	Nati. de N. D.	21		soir.
9 mardi	s. Omer	22		
10 merc	s. Nicolas	23		
11 jeudi	s. Patient	24		
12 vend	s. Serdot, év.	25		Nouv. L.
13 same	s. Maurille	26		le 12, à 2 h.
14 16 *dim*	Exal. ste Croix	27		36 min. du
15 lundi	s. Nicomède	28		soir.
16 mardi	s. Cyprien	29		
17 merc	*Quatre-Tems*	30		
18 jeudi	s. Chrisostôme	1		
19 vend	s. Lambert	2		Pr. Quar.
20 same	s. Eustache	3		le 19, à 4 h.
21 17 *dim*	s. Mathieu	4		29 min. du
22 lundi	s. Maurice	5		soir.
23 mardi	ste Thècle	1		
24 merc	s. Andoche	2		
25 jeudi	s. Firmin	3		
26 vend	ste Justine	4		
27 same	s. Côme et D.	5		Pl. Lune
28 18 *dim*	s. Céran	6		le 27, à 8 h.
29 lundi	s. Michel	7		41 min. du
30 mardi	s. Jérôme	8		soir.

FRUCTIDOR. — J. COMPL. — VENDÉM. an 15.

OCTOBRE.

Signe, le Scorpion ♏.

Les jours diminuent de 44 minutes le matin et 45 le soir.

1 merc	s. Remy	9	
2 jeudi	ss. Anges G.	10	
3 vendr	s. Denis l'Ar.	11	
4 samed	s. François	12	
5 *19 dim*	ste Aure	13	Dern. Q.
6 lundi	s. Bruno	14	le 5, à 8 h.
7 mardi	s. Serge	15	8 minu. du
8 merc	s. Démêtre	16	matin.
9 jeudi	*s. Denis*	17	
10 vend	s. Gérćon	18	
11 same	s. Nicaise	19	Nouv. L.
12 *20 dim*	s. Wilfrid	20	le 11 à 11 h.
13 lundi	s. Géraud	21	59 min. du
14 mardi	s. Caliste	22	soir.
15 mercr	ste Thérèse	23	
16 jeudi	s. Gal, abbé	24	
17 vend	s. Cerboney	25	
18 samed	s. Luc, évang.	26	
19 *21 dim*	s. Savinien	27	Pr. Quar.
20 lundi	s. Sendou	28	le 19, à 11 h.
21 mardi	ste Ursule	29	51 min. du
22 merc	s. Mellon	30	matin.
23 jeudi	s. Hilarion	1	
24 vend	s. Magloire	2	
25 samed	s. Crépin Cr.	3	
26 *22 dim*	s. Rustique	4	
27 lundi	s. Frumence	5	
28 mardi	s. Simon s. Ju.	6	Pleine Lu.
29 merc	s. Faron	7	le 27, à 11 h.
30 jeudi	s. Lucain	8	54 min. du
31 vendr	*Vigile-Jeûne*	9	matin.

(colonne centrale : VENDÉMIAIRE an 15 ; puis BRUMAIRE)

NOVEMBRE.

Signe, le Sagittaire ↤.

Les jours diminuent de 19 minutes le matin
et 19 le soir.

1 same	TOUSSAINT	10	
2 23 *dim*	s. Marcel	11	
3 lundi	*les Morts*	12	Dern. Qu.
4 mardi	s. Charles	13	le 3 , à 3 h.
5 merc	ste Bertile	14	37 min. du
6 jeudi	s. Léonard	15	soir.
7 vend	s. Willebron	16	
8 same	stes Reliques	17	
9 24 *dim*	s. Mathurin	18	
10 lundi	s. Léon	19	Nouv. L.
11 mardi	s. Martin , év.	20	le 10, à 11 h.
12 merc	s. René	21	51 min. du
13 jeudi	s. Gendulfe	22	matin.
14 vend	s. Martin , pa.	23	
15 same	s. Eugène	24	
16 25 *dim*	s. Eucher	25	
17 lundi	s. Agnan	26	
18 mardi	ste Aude	27	Prem. Qu.
19 merc	ste Elisabeth	28	le 18, à 7 h.
20 jeudi	s. Edmond	29	29 min. du
21 vend	Prés. de N. D.	30	matin.
22 same	ste Cécile	1	
23 26 *dim*	s. Clément	2	
24 lundi	s. Severin	3	
25 mardi	ste Catherine	4	
26 merc	ste Geneviève	5	Pl. Lune
27 jeudi	s. Vital	6	le 26, à 2 h.
28 vend	s. Sosthènes	7	10 min. du
29 same	s. Saturnin	8	matin.
30 1 *dim*	*l'Avent*	9	

BRUMAIRE AN 15.

FRIMAIRE

DÉCEMBRE.

Signe, le Capricorne ♑.

Les jours croissent de 18 minutes le matin
et 19 le soir.

1	lundi	s. Eloi, évêq.	10	
2	mardi	s. François X.	11	Dern. Qu.
3	mercr	s. Mirocle	12	le 2, à 10 h.
4	jeudi	ste Barbe	13	54 min. du
5	vendr	s. Sabas	14	soir.
6	same	s. Nicolas	15	
7	2 *dim*	ste Fare	16	
8	lundi	*Conception*	17	
9	mardi	ste Gorgonie	18	
10	mercr	s. Valère	19	Nouv. Lu.
11	jeudi	s. Fuscien	20	le 10, à 2 h.
12	vend	s. Damase	21	34 min. du
13	same	ste Luce	22	matin.
14	3 *dim*	s. Nicaise	23	
15	lundi	s. Mesmin	24	
16	mardi	ste Adélaïde	25	
17	mercr	*Quatre-temps*	26	
18	jeudi	ste Olympiade	27	Prem. Qu.
19	vend	s. Meuris	28	le 18, à 4 h.
20	same	s. Philogone	29	40 min. du
21	4 *dim*	s. Thomas	30	matin.
22	lundi	s. Ischyrion	1	
23	mardi	s. Yves	2	
24	mercr	*Vigile - jeûne*	3	
25	jeudi	NOEL	4	
26	vendr	s. *Etienne*	5	Pleine Lu.
27	samed	s. *Jean Evan.*	6	le 25, à 3 h.
28	*diman.*	ss. Innocens	7	9 minu. du
29	lundi	s. Thomas	8	soir.
30	mardi	ste Colombe	9	
31	merc	s. Sylvestre	10	

FRIMAIRE an 15.

NIVOSE